電子・デバイス部門
- 量子物理
- 固体電子物性
- 半導体工学
- 電子デバイス
- 集積回路
- 集積回路設計
- 光エレクトロニクス
- プラズマエレクトロニクス

新インターユニ

　各大学の工学教育カリキュラムの改革に即した教科書として，企画，刊行されたインターユニバーシティシリーズ*は，多くの大学で採用の実績を積み重ねてきました．

　ここにお届けする新インターユニバーシティシリーズは，その実績の上に深い考察と討論を加え，新進気鋭の教育・研究者を執筆陣に配して，多様化したカリキュラムに対応した巻構成，新しい教育プログラムに適し学生が学びやすい内容構成の，新たな教科書シリーズとして企画したものです．

＊インターユニバーシティシリーズは家田正之先生を編集委員長として，稲垣康善，臼井支朗，梅野正義，大熊繁，縄田正人各先生による編集幹事会で，企画・編集され，関係する多くの先生方に支えられて今日まで刊行し続けてきたものです．ここに謝意を表します．

新インターユニバーシティ編集委員会

編集委員長	稲垣 康善	（豊橋技術科学大学）
編集副委員長	大熊 繁	（名古屋大学）
編集委員	藤原 修	（名古屋工業大学）[共通基礎部門]
	山口 作太郎	（中部大学）[共通基礎部門]
	長尾 雅行	（豊橋技術科学大学）[電気エネルギー部門]
	依田 正之	（愛知工業大学）[電気エネルギー部門]
	河野 明廣	（名古屋大学）[電子・デバイス部門]
	石田 誠	（豊橋技術科学大学）[電子・デバイス部門]
	片山 正昭	（名古屋大学）[通信・信号処理部門]
	長谷川 純一	（中京大学）[通信・信号処理部門]
	岩田 彰	（名古屋工業大学）[計測・制御部門]
	辰野 恭一	（名城大学）[計測・制御部門]
	奥村 晴彦	（三重大学）[情報・メディア部門]

通信・信号処理部門
- 情報理論
- 確率と確率過程
- ディジタル信号処理
- 無線通信工学
- 情報ネットワーク
- 暗号とセキュリティ

新インターユニバーシティ

はじめての力学

堀川 直顕 編著

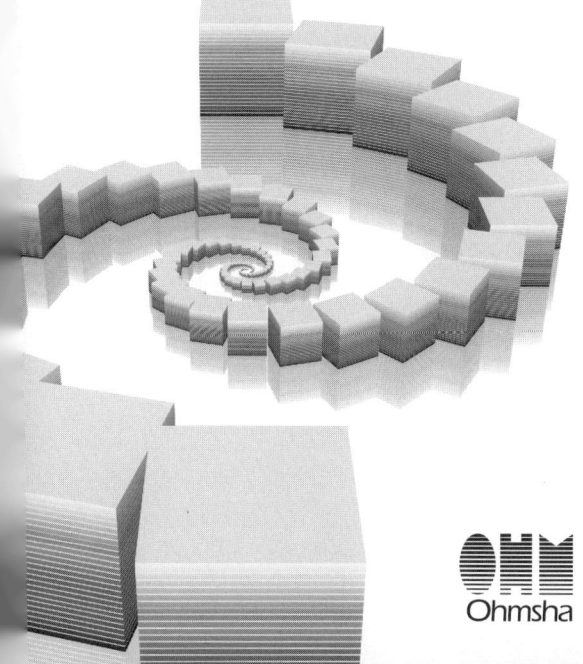

Ohmsha

「新インターユニバーシティ はじめての力学」
編者・著者一覧

編著者　堀川 直顕（中部大学）　　［序章, 5～8章］
執筆者　袴田 和幸（中部大学）　　［1～4章］
（執筆順）原科　浩（大同大学）　　［9～12章］

本書を発行するにあたって，内容に誤りのないようできる限りの注意を払いましたが，本書の内容を適用した結果生じたこと，また，適用できなかった結果について，著者，出版社とも一切の責任を負いませんのでご了承ください．

本書は，「著作権法」によって，著作権等の権利が保護されている著作物です．本書の複製権・翻訳権・上映権・譲渡権・公衆送信権（送信可能化権を含む）は著作権者が保有しています．本書の全部または一部につき，無断で転載，複写複製，電子的装置への入力等をされると，著作権等の権利侵害となる場合があります．また，代行業者等の第三者によるスキャンやデジタル化は，たとえ個人や家庭内での利用であっても著作権法上認められておりませんので，ご注意ください．
本書の無断複写は，著作権法上の制限事項を除き，禁じられています．本書の複写複製を希望される場合は，そのつど事前に下記へ連絡して許諾を得てください．

出版者著作権管理機構
（電話 03-5244-5088, FAX 03-5244-5089, e-mail: info@jcopy.or.jp）

JCOPY ＜出版者著作権管理機構 委託出版物＞

目 次

序章　力学の学び方
1. 力学とはどのような学問か ………………………………………… 1
2. 力学がつくられてきた歴史 ………………………………………… 4
3. 力学の有用性 ………………………………………………………… 6
4. 力学の学び方 ………………………………………………………… 7
5. 本書の構成 …………………………………………………………… 8

1章　単位，次元，数の表し方
1. 力学で用いる単位 …………………………………………………… 9
2. 大きな数と小さな数の表し方 ……………………………………… 11
3. 単位の便利な表し方 ………………………………………………… 13
4. 次　元 ………………………………………………………………… 16
5. 三角関数 ……………………………………………………………… 18
   まとめ ………………………………………………………………… 21
   演習問題 ……………………………………………………………… 22

2章　ベクトルと座標系
1. ベクトルとスカラー ………………………………………………… 23
2. ベクトルの表し方 …………………………………………………… 24
3. ベクトルの和 ………………………………………………………… 25
4. 負のベクトル ………………………………………………………… 27
5. 一次元の座標系 ……………………………………………………… 28
6. 二次元の直交座標系と平面極座標系 ……………………………… 30
   まとめ ………………………………………………………………… 33
   演習問題 ……………………………………………………………… 34

3章　一次元の運動
1. 直線運動 ……………………………………………………………… 35
2. 等速直線運動 ………………………………………………………… 37
3. 一次元の等加速度運動 ……………………………………………… 41
   まとめ ………………………………………………………………… 45
   演習問題 ……………………………………………………………… 45

目 次

4章　加速度が変化する直線運動
1. 自動車の位置から速度を求める …… 46
2. 自動車の速度から加速度を求める …… 48
3. 自動車の加速度から速度を求める …… 50
4. 自動車の速度から位置を求める …… 52
- まとめ …… 54
- 演習問題 …… 55

5章　重力加速度のある中での物体の自由落下運動
1. 自由落下運動 …… 56
2. $y = y_0$ から物体を水平な床面に平行に初速度 v_0 で放り投げる場合 …… 61
3. 自然落下運動の解析的取扱い …… 62
4. 地面から上向きに角度 θ〔rad〕で発射された物体の運動 …… 63
- まとめ …… 65
- 演習問題 …… 66

6章　物体にはたらく力とニュートンの運動の法則
1. 物体にはたらく力 …… 67
2. ニュートンの運動の法則 …… 70
3. 運動の第三法則 …… 79
- まとめ …… 81
- 演習問題 …… 81

7章　ニュートンの運動の法則の応用
1. 一次元の等加速度運動 …… 82
2. 二つの物体の連動運動 …… 84
3. ばねの単振動 …… 85
4. 摩擦がある場合の運動 …… 86
5. 等速円運動とその応用 …… 88
- まとめ …… 93
- 演習問題 …… 93

8章　運動量と衝突
1. 運動量の定義と力積 …… 95
2. 2質点系の運動量とその保存 …… 98

  3 質点の衝突 ･･･ *99*
  まとめ ･･ *104*
  演習問題 ･･ *104*

9章 仕事とエネルギー

  1 仕事の定義 ･･ *106*
  2 仕事の表し方 ･･ *107*
  3 重力とばねのする仕事 ･･ *109*
  4 仕事と運動エネルギーの関係 ･･････････････････････････････････ *111*
  5 仕事率 ･･ *113*
  まとめ ･･ *115*
  演習問題 ･･ *115*

10章 位置エネルギーとエネルギー保存

  1 重力による位置エネルギー ････････････････････････････････････ *116*
  2 力の性質：保存力と非保存力 ･･････････････････････････････････ *117*
  3 位置エネルギーの定義 ･･ *119*
  4 力学的エネルギー保存則 ･･････････････････････････････････････ *121*
  まとめ ･･ *125*
  演習問題 ･･ *126*

11章 物体のつり合い

  1 三つの力のつり合い ･･ *127*
  2 トルク ･･ *129*
  3 重心 ･･ *132*
  4 物体のつり合い ･･ *134*
  まとめ ･･ *136*
  演習問題 ･･ *136*

12章 質点の回転運動

  1 角速度と角加速度 ･･ *138*
  2 トルクと角加速度 ･･ *141*
  3 質点の角運動量 ･･ *143*
  4 回転運動する質点の運動エネルギー ････････････････････････････ *144*
  5 角運動量保存則 ･･ *145*

目　　次

　まとめ ………………………………………………………………… *147*
　演習問題 ……………………………………………………………… *148*

演習問題解答 …………………………………………………………… *149*
索　　引 ………………………………………………………………… *158*

■ コラム一覧 ■

- 惑星の発見 ………………………………………………………… *91*
- 剛体の回転運動 …………………………………………………… *146*

● 本書で使う数学の記号とその意味 ●

記　号	意　味
$=$	左辺と右辺とが等しい
$\equiv$	右辺の量を左辺と定義する
$\neq$	左辺と右辺とは等しくない
$\propto$	左辺と右辺が比例する
$>$	左辺は右辺より大きい
$<$	左辺は右辺より小さい
$\gg (\ll)$	左辺は右辺よりはるかに大きい(小さい)
$\approx$	左辺と右辺はほぼ等しい
Δx	x の変化量
$\sum_{i=1}^{N} x_i$	$i=1$ から $i=N$ までの x_i の和
$\lvert x \rvert$	x の大きさ（常に正の量）
$\Delta x \to 0$	Δx が 0 に接近する
$\dfrac{dx}{dt}$	t に関する x の微分
$\dfrac{\partial x}{\partial t}$	t に関する x の偏微分
$\int$	積　分

序　章

力学の学び方

1　力学とはどのような学問か

　力学は，「物体に力がはたらくと，その結果運動はどう変わるか」を明らかにする学問である．さらに，物体に力を作用させて動かすのに必要な仕事と，その結果物体が得る運動エネルギーの関係を明らかにするのも力学である．物体の運動というとき，力学では直線運動や回転運動のように時間とともに位置を変える運動と同時に，静止した状態も運動として扱う．

　高いビルの屋上から物体を落とす場合を考えてみよう（**図1**）．物体に地球の引力がはたらくため，最初は物体を支えていないといけない．支えを取り去ると，物体は落下を始める．落下速度は徐々に速くなり，同じ1秒間に落下する距離は，支えを取り去った直後の1秒よりも地面に落下する直前の1秒のほうが長くなる．速度が変化するのは，「**加速度**」があるからである．物体の落下運動では地球の「**引力**」が生み出す加速度（これを重力加速度という）が運動の基礎となる．力と加速度，加速度と速度，速度と動いた距離の関係を系統的に理解することが学習の入門となる．

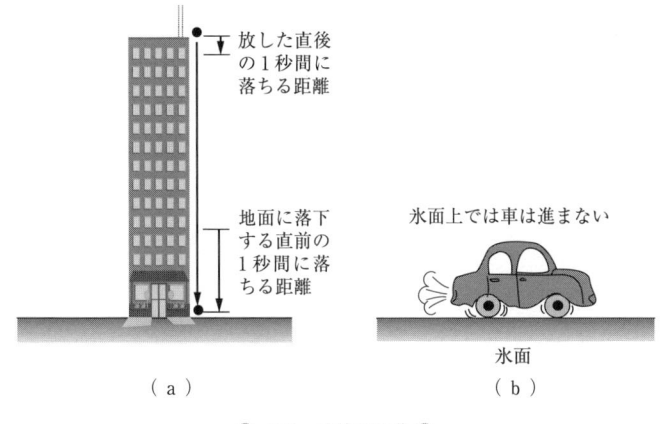

● 図1　物体の運動 ●

序章　力学の学び方

　物体の運動は，ビルの屋上からの落下運動のようにわかりやすい場合ばかりではない．例えば，止まっている自動車のエンジンをかけて発進する場合を考えてみよう．エンジン出力がタイヤの回転に変わり車は走りだす．このとき，タイヤと路面の間に**摩擦力**がないと車は走り出せない．もし，路面が氷面であったり，油で覆われていたら，エンジンをいくらふかしてもタイヤは空転して車は動きださない（図1(b)）．摩擦力も力学で扱う対象である．

　物体が「一定速度で動いている」ということと「静止している」ということは力学的には同じである．「速度が変わらない」ということは，「加速度がない」ということで，物体に「力」がはたらいていないとみなせるからである．2本の電車が並行して，同じ速度で走っている場合を考えるとよい．一方の電車の座席に座っている乗客は，窓越しに見える他方の電車の乗客がいつも同じ位置にいるように見えるため，2本の電車が止まっていると錯覚する（**図2**）．

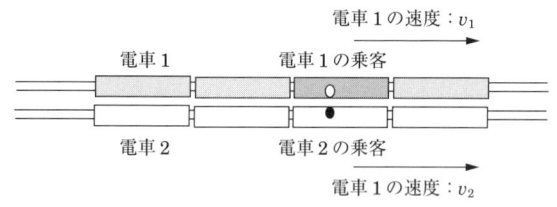

● 図2　同じ速度で併走する電車 ●

　力学は，静止した物体も対象にする．「静止した」ということは，物体に力がはたらいていないということである．「力がはたらいていない」という場合，二つの場合がある．一つは，本当にどんな力もはたらいていない場合，もう一つは，たくさんの力がはたらいているが，見掛け上，力がはたらいていないような場合である（**図3**）．この場合を，「力がつり合っている」という．綱引きで，双方の力が等しくて，綱が動かない場合を考えるとよい．力がつり合っていれば物体は動かない．ビルや橋などは動かない物体であるが，その建設には力の加わり方，つり合いを計算に入れた設計をしないといけない．

　力学で学ぶ，もう一つの重要な内容は「仕事とエネルギー」である．物体に一定の力を加えてある距離だけ動かすとき，加えた「力」と移動した「距離」の積で「仕事」を定義する．一定速度 v で動いている物体は，**運動エネルギーをもっ**

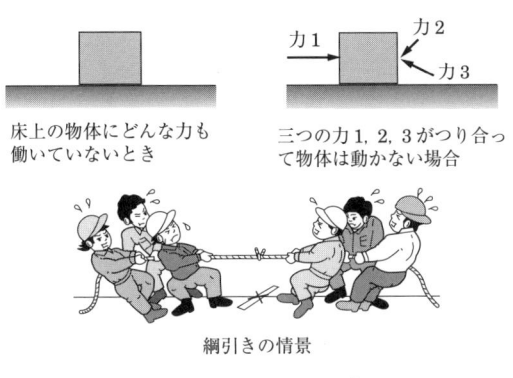

● 図3 静止した物体 ●

ている．その大きさを物体の性質である「質量」m と速度 v で $(1/2)mv^2$ と定義する．仕事と運動エネルギーの間の関係を見てみよう（図4）．いま，質量 m の物体を地面からの高さ h の点から落としたとする．物体は地球の引力 F を受けて h の距離落下するので Fh だけの仕事をする．その仕事がすべて物体の運動エネルギーに変わったとする．落下した物体が地面で止まる直前の運動エネルギーに等しいと考えると，$Fh = (1/2)mv^2$ の式が成り立つ．この関係から物体の速度 v が求まる．物体が「外部に対して Fh の仕事をする能力をもつ」とき，物体は Fh の「**位置エネルギー**」をもつという．地球の引力も含め，より一般的な力の場合は，位置エネルギーを「**ポテンシャルエネルギー**」と呼ぶ．力学の学習から，力は仕事・エネルギーの「**元（もと）**」となる量であり，物体の運動を計算するときの基本となる量であることがわかる．

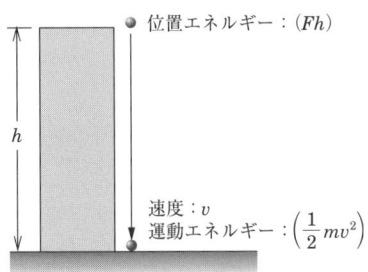

● 図4 位置エネルギーと運動エネルギー ●

② 力学がつくられてきた歴史

〔1〕 運動する物体について

　力学が学問体系として考えられ始めたのはBC4世紀のギリシャ時代といってよい．アリストテレスは物体の運動について，「物体は本来あるべきところが決まっており，そこから強制的に力を加えて遠ざけられたとき，もとに戻ろうとして自発的に運動を始める」と説明した．石は地面が本来あるべきところで，何らかの強制力で高い場所に移動させられると，地面に戻ろうと落下し始める，という考え方である．しかし彼は，物体を投げると手から離れても運動が続くことや落下する石が地面近くで速度を増すことなどを彼の運動の原因からはうまく説明できず，特別な説明を必要とした．

　15世紀に生まれたコペルニクスは惑星運動の観測と解析から，いわゆる「地動説」を取り入れた．16世紀後半に生まれたケプラーはブラーエの精密な惑星の観測データを解析し，ケプラーの3法則を見いだした．このように，物体の運動は主に惑星運動の解析から発展してきた．

　この時期，ガリレオ・ガリレイは，いろいろな運動を実験的に調べ，力学の基礎を築いた．例えば，物体の落下運動を長い斜面を転がり落ちる運動に置き換えて実験し，「落下運動は等加速度運動である」ことを見いだした．空中で投げ出された物体の運動は鉛直方向の等加速度運動と，水平方向の等速度運動の組合せで記述できることも明らかにした．また，走っている船のマストの上から物体を落とすと，船の速さにかかわらず，物体はマストの根元に落下することも明らかにした．このときの物体の運動は，船上で見ていると直線的に真下に落ちるが，岸辺から見ていると，放物線を描いて落下するという観測から，観測する座標系の

アリストテレス

アルキメデス

ガリレイ

ニュートン

● 図5 ●

違いで物体の運動が異なって見えるという考え方を示した．なめらかな坂道が平らな床面に続いているとき，坂の上から物体を滑らせれば，物体はいつまでも平らな床面を等しい速さで動き続けることなども明らかにした．

〔2〕 **静止した物体について——物体のつり合い**

力学は，静止した物体に対する力の問題も扱う．アリストテレスの時代よりも2000年も前にエジプトでは巨大なピラミッドが建設されている．最も大きなクフ王のピラミッドでは，1辺が約230 m，高さ146 mを石材を積み上げてできている．石材は平均約2.5 t（トン）の重さで，300万個弱が使われている．ピラミッド内には通路や部屋がつくられ通気孔まである．このピラミッドをつくるには，いかにして石を運び，どんな方法で積み上げるか，そして，それが崩れないための力の配分をどうするか，といった検討が正しくなされなければならない．文献は残っていなくても，驚くほど完成した力のつり合いの知識が使われていたことは想像に難くない．

BC 3世紀にシラクサにいたアルキメデスは浮力で有名だが，てこの原理にも詳しく，これを使った巨大投石器を発明したり，「私に支点を与えよ．されば，地球をも動かして見せよう」と語ったといわれている．てこの原理は，1本の横棒の両端に異なったおもりを置いたとき，どの点を支点とすれば棒のつり合いが取れて水平を保つか，という力学のつり合いの問題と同じである（**図6**）．ローマ時代の巨大なコロッセオや水道橋の建設，中世以降の巨大な教会や鐘楼の建設，また，日本でも大きな木造の神社・仏閣・城の建設などには経験に裏打ちされた力の配分技術が駆使されたに違いない．

● 図6 つり合い ●

〔3〕 ニュートンによる力学の完成

　ケプラーやガリレイらの物体の運動の研究成果を，三つの運動法則としてまとめたのがニュートンである．ニュートンは，外から力を加えない限り「静止している物体は静止を続け，運動している物体は等速直線運動を続ける」という性質を**運動の第一法則（慣性の法則）**と名づけた．静止した物体に力を加えると物体は加速度を得て動き始める．加速度の大きさは物体の質量で決まり，同じ大きさの力を加えたとき，質量が大きいと加速度は小さく，逆に，質量が小さいと加速度が大きくなる．この性質を**運動の第二法則**とした．さらに，二つの物体1，2があって，物体1が2に力を作用するとき，物体2も1に同じ大きさの力を作用し，力の向きは互いに逆である，という性質を**運動の第三法則（作用・反作用の法則）**としてまとめた．ニュートンは運動を扱う過程で，微分や積分の考え方を発明し，運動の様子を数学を使って計算できる形にまとめた．ここに力学という学問体系が完成した．20世紀に入り，原子などのミクロな物体の運動に対して「量子力学」体系がつくられたが，この「量子力学」との対比でニュートンの完成した力学を「古典力学」と呼ぶ場合もある．

3　力学の有用性

　物体に作用する力にはさまざまな力がある．地球の引力，ばねの力，電荷が引き合ったり反発したりする電気の力，磁石のN・S極がつくる引力と反発力，あるいは気圧や水圧などなど，例に事欠かない．物体の運動は力の種類に関わりなく，その質量と受ける力によって加速度が決まり，加速したり減速したりと，運動状態を変えていく．ニュートンの運動の第二法則は，物体の質量と物体にはたらく力，その結果生じる加速度の関係をできるだけ単純なモデルに置き換えて，ただ一つの数式を使って運動を予測したり解析したりする強力な道具なのである（図7）．仕事と運動エネルギーの関係を使えば，タービンエンジンの出力と飛行機の質量から飛行速度を推定したり，新幹線の走る速さを電流で回転させるモータの出力と電車の質量から推定することが可能となる．水素原子をつくっている電子の運動は中心に正電荷の陽子があり，陽子からある距離離れたところを負電荷の電子が等速度で回転しているという簡単なモデルから，計算することができる．

　力のつり合いは，物体を安定に支える問題では最重要な課題で，建築・建造物の設計にはいつの世でも必須であったし，今日の建築作業でも力学計算なしでは

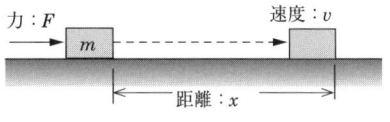

● 図 7　運動の第二法則 ●

何も進まない．乗り物がカーブを走るときの遠心力と自重とのつり合いは線路や路面の傾きを決める要素であり，船が転覆しないように重心の位置を決めるのも力のつり合いである．

4　力学の学び方

　力学は，科学面では星の運動から，ミクロの原子や素粒子の運動まで計算する手段であり，また，車の運動や建物の設計・建築などを通して私達の実生活に関わる問題を扱う手段である．したがって，理学・工学など理系の学問にとって，力学は最も基本的な分野であり，必ず使いこなせるまで理解を深めておくことが求められる．理系の職業につき専門分野の最先端で現れる現象をより詳細に分析したり，予測したりするには，まさに，「日本語」に例えれば，力学は「いろはにほへと……」の 45 文字を覚えるほどの基本と考えればよい．

　最も効果的な学習方法は，講義との関連でいえば，予習である．新事実を自分の力で理解できたときの達成感を味わうことができる．その喜びを数多く経験することで勉強が面白くなる．予習でわからなかったことを，講義を聞いて理解する．予習でわからなかった問題点がはっきりしているから，授業の中で自分の考え足りなかったところや誤解していたところがはっきりする．理解を確かめるには，多くの練習問題を解いてみることである．問題が解けたら，**理解できた**ということが保障されたことを意味する．数多くの問題を解くことは理解を深め，自信を付ける最良の方法である．予習型の勉強に努め，わからないことに出会ったら，わかるまで教科書・参考書を何回も読み直し，練習問題を解いて自分の理解度を自分で確認する．この繰返しができれば確実に理解が深まり進歩するであろう．

　この教科書は，主に工学系の学生を対象に，入門書として力学を紹介した教科書である．勉強するということは，勉強した内容を頭の中に整理して詰め込み，

必要に応じて自由に引き出したり，応用できる状態にすることである．この教科書がそのための役に立てば幸いである．より深く力学の理解を進めようとする学生は，より高度な教科書に進んでいけばよい．この教科書はそのような学生のための入門書としても役立つと思われる．

5 本書の構成

　1～4 章では，力学の入門として，運動する物体の進む距離，そのときの速度，および速度を変化させる加速度の考え方を学ぶことを主な目的としている．そのため，**1 章**では，力学で使う物理量の単位，数値としての表し方，よく使われる数学としての三角関数の復習を行い，**2 章**では，力の向きや運動の向きを扱うためベクトル量の学習をし，平面内での運動を扱えるよう二次元の座標系を学ぶ．**3 章**では，加速度，速度および進んだ距離の関係を学び，等速直線運動，等加速度運動について学ぶ．**4 章**では，一般の加速度運動を取り上げ，加速度と速度，速度と進む距離の関係が微分を使って表されることを学ぶ．

　5～8 章では，ニュートンの運動法則を中心にして，力と加速度，物体の運動量と衝突について学ぶ．**5 章**では，重力加速度がある中での物体運動（自由落下）の問題を取り扱うことで，加速度，速度，落下距離の関係を明らかにする．**6 章**では，物体にはたらく力と物体の加速度の関係を定義し，ニュートンの運動の 3 法則について学ぶ．**7 章**では，ニュートンの運動の第二法則を，異なった運動例に適用する場合を見る．**8 章**では，運動する物体がもつ物理量である運動量を定義し，衝突の際の運動量の保存則および異なった衝突の種類について学ぶ．

　9～12 章では，仕事とエネルギーの関係，物体のつり合い，形をもつ物体（剛体）の回転運動について学ぶ．**9 章**では，仕事を物体に作用する力と移動距離で表す方法，仕事と運動エネルギーの関係，仕事率を学ぶ．**10 章**では，仕事と位置エネルギー（ポテンシャルエネルギー）の関係を明らかにする．**11 章**では，力のつり合いについて学ぶとともに，物体の回転を引き起こす力と回転軸からの距離で決まるトルクについて学ぶ．**12 章**では，回転運動を表すための物理量である角度，角速度を学ぶ．そして，回転する物体のもつ運動量と回転軸からの距離の積で決まる角運動量を導入し，角運動量保存則について学ぶ．

1章

単位，次元，数の表し方

「あなたの体重はいくらですか？」と聞かれると，たいていの人は「50キロくらいです．」というように答えるだろう．普段の会話だったらこれでもよいのだろうが，この答えは正しいとはいえない．また，「ここから，あなたの家までどれくらい離れていますか？」と聞かれると，たいていの人は「10キロくらいです．」というように答えるだろう．しかし，この答えも正しいとはいえない．というのは，二つの答えの中で使われている，50キロと，10キロは，それぞれ，体重と距離を表しているのに，体重と距離の両方で，同じ「キロ」を単位に使うのは何かおかしいのではないだろうか？ 実は，何気なく使っている「キロ」は単位ではない．正しくは，体重の単位としては「キログラム（kg）」，距離の単位としては「キロメートル（km）」を使わなくてはいけない．では，「キロ」とは，いったい何だろうか？ この1章では，まず，力学の範囲で用いる**単位**と**次元**および**数の表し方**について学ぶ．

1 力学で用いる単位

力学とは物体の運動について考える学問である．物体の運動を扱うためには，まず，どれくらいの質量の物体が，いつ，どこに，いたのか，また，どちらの向きにどの程度の速さで移動しているのか，などの物理量に関する情報を知る必要がある．本節では，力学で用いるこれらの物理量の単位について考えてみる．

〔1〕 基本単位

物体の運動を扱ううえで最も基本的な単位は，物体の位置や大きさを表すために用いる，長さの単位〔m〕（meter），物体の重さ（重さの意味は後で考える）の目安となる，質量の単位〔kg〕（kilo gram），時間の長さを表すために用いる，時間の単位〔s〕（second）の三つである．これらの単位を**基本単位**といい，この組合せを用いる単位の集まりを，三つの単位の英語の頭文字（meter, kilo gram, second）をとって，**MKS単位系**と呼ぶ．小さな物体の運動を扱うときには，長さの単位として〔cm〕（centi meter），質量の単位として〔g〕（gram），時間の単位として〔s〕（second）を使いたい場合もあるだろう．これらの単位の組合せを用いる単位系を，**CGS単位系**と呼ぶ．MKS単位系とCGS単位系はそれぞれ別々

1章 単位，次元，数の表し方

● 表 1・1 力学で用いる 2 種類の単位系 ●

MKS 単位系			CGS 単位系		
長さ	質量	時間	長さ	質量	時間
m	kg	s	cm	g	s

に用いられ，2 種類の単位系を混在して用いることはしない．例えば，長さの単位に〔m〕を用いる場合は，質量の単位には〔kg〕を用いるのが一般的である．長さの単位に〔m〕を用い，質量の単位に〔g〕を用いるということは，特別な場合を除いて，普通はしない．最近は何も断わらなければ，MKS 単位系が用いられる．力学で用いる 2 種類の単位系について**表 1・1** にまとめておく．本書では，現在，標準的に用いられている **MKS 単位系**を用いる．電気や熱，光などを扱う場合には，これら三つの単位以外に，電流の単位として〔**A**〕（アンペア，Ampere），温度の単位として〔**K**〕（ケルビン，Kelvin），光の強さを扱う単位として〔**cd**〕（カンデラ，candela），さらに，物質の量を扱う単位として〔**mol**〕（モル，mole）を用いる．これらの単位は**国際単位系**（**SI 単位系**）として国際度量衡委員会が定めている．以下に，基本単位である，〔m〕，〔kg〕，〔s〕の定義を示す．

m；長さの単位：1 m は，光が，1/299 792 458 s（約 3 億分の 1 秒）の間に，真空中を伝わる距離．

kg；質量の単位：1 kg は，フランスの国際度量衡標準局に保管されている国際キログラム原器（直径 3.9 cm，高さ 3.9 cm のプラチナ・イリジウム合金円柱）の質量．日本には，国際キログラム原器の複製がある．

s；時間の単位：1 s は，セシウム 133（^{133}Cs）原子が吸収する電磁波の周期の 9 192 631 770（約 92 億）倍に等しい時間．

力学以外の分野で用いる単位を含めた七つの基本 SI 単位を**表 1・2** に示す．

● 表 1・2 七つの基本 SI 単位系 ●

長さ	質量	時間	電流	温度	光度	物質量
m	kg	s	A	K	cd	mol

〔2〕 **組立単位** ■■■

前述の**基本単位**のうちのいくつかを用いてつくられる新たな単位を**組立単位**という．例えば，速さの単位〔m/s〕は長さの単位〔m〕と時間の単位〔s〕の組合せによりつくられる組立単位の一種である．

【例題1】 MKS 単位系を用いて，面積 (S) の単位を示せ．
【解答例】 例えば，長方形の面積 (S) は，縦の辺の長さ (a) と横の辺の長さ (b) の積，$S = a \times b$，で表される．a, b はともに長さの単位〔m〕をもつので，〔S の単位〕=〔m〕×〔m〕=〔m^2〕 となる．

---

2 大きな数と小さな数の表し方

自動車のトラックのように大きな物体で質量 m が 10 t（トン）もあるような場合，この物体の質量を〔kg〕を単位として表そうとすると，$m = 10\,000$ kg のように，0 をたくさん並べる必要が生じる．この程度の数の 0 なら，まだ，0 の数を数えて，一万キログラムと読むこともできるが，太陽の質量を表すのに〔kg〕を単位とすると，約 2 000 000 000 000 000 000 000 000 000 000 kg というように 0 を 30 個も並べなければならない．一方，小さな物体の質量を〔kg〕で表すのにも工夫が必要になる．例えば，一円玉の質量は 1 g だが，これを〔kg〕で表すと，0.001 kg のように，やはり 0 がたくさん必要になる．この程度の数の 0 なら，まだ，0 の数を数えられるが，水素原子の質量は約 0.00000000000000000000000000167 kg であるので，これでは数を読むのも大変な作業になる．本節では大きな数や小さな数を表す便利な方法について学ぼう．

〔1〕 **大きな数の表し方** ■■■

大きな数を表すとき，位取りの 0 を 10^n の形で表すと便利である．例えば，100 は $10 \times 10 = 10^2$，1 000 は $100 \times 10 = 10 \times 10 \times 10 = 10^3$ のように 10 の「累乗」を使うと，**表1·3** のように大きな数を簡単に表すことができる．この方法を用いると，太陽の質量 $M_\odot$ は〔kg〕を単位として

$$M_\odot \approx 2\,000\,000\,000\,000\,000\,000\,000\,000\,000\,000 = 2 \times 10^{30} \text{ kg}$$

と表すことができる．位取りの 10 の累乗を表す部分の係数を a とすると（今の場合，2），a は $1 \leq a < 10$ ととる．このように表すと，2 の後ろに 0 が 30 個つく

● 表 1·3　大きな数の表し方（累乗を用いる）●

数	10 の積	10 の累乗
1	1	10^0
10	10	10^1
100	10 × 10	10^2
1 000	10 × 10 × 10	10^3
10 000	10 × 10 × 10 × 10	10^4
⋮	⋮	⋮
10……0 （0 が n 個）	10 × … × 10 （10 が n 個）	10^n

ことがよくわかる．ここで用いた ≈ は左辺と右辺の値がほぼ等しいことを示す記号である．

〔2〕 **小さな数の表し方**　■■■

小さな数を表すには，大きな数の表し方を応用する．例えば

$$0.01 = \frac{1}{100} = \frac{1}{10 \times 10} = \frac{1}{10^2} = 10^{-2}$$

$$0.001 = \frac{1}{1\,000} = \frac{1}{10 \times 10 \times 10} = \frac{1}{10^3} = 10^{-3}$$

のように表す．ただし，ここでは $1/10^n = 10^{-n}$ の定義を用いている．この方法は，**表 1·4** のようにまとめることができる．このようにして，大きな数を表す方法を用いて，小さな数も 10 の累乗により表すことができる．

この方法を用いると，水素原子の質量 m_H は〔kg〕を単位として

● 表 1·4　小さな数の表し方（累乗を用いる）●

数	1/(10 の積)	1/(10 の積)	10 の累乗
1	1	10^0	10^0
0.1	$\dfrac{1}{10}$	$\dfrac{1}{10^1}$	10^{-1}
0.01	$\dfrac{1}{10 \times 10}$	$\dfrac{1}{10^2}$	10^{-2}
0.001	$\dfrac{1}{10 \times 10 \times 10}$	$\dfrac{1}{10^3}$	10^{-3}
0.0001	$\dfrac{1}{10 \times 10 \times 10 \times 10}$	$\dfrac{1}{10^4}$	10^{-4}
⋮	⋮	⋮	⋮
0.0……01 （0 が n 個）	$\dfrac{1}{10 \times \cdots\cdots \times 10}$ （分母に 10 が n 個）	$\dfrac{1}{10^n}$ （分母に 10 が n 個）	10^{-n}

$$m_\mathrm{H} \approx 0.00000000000000000000000000167 = 1.67 \times 10^{-27} \text{ kg}$$

と表すことができる．このように表すと，小数点以下の最後に現れる有効数字 167 のはじめの数字 1 の前に，小数点の前の 0 まで含めて全部で 0 が 27 個つくことがよくわかる．

3　単位の便利な表し方

　非常に小さなロボットをつくるのに微細な加工技術が用いられるが，このようなロボットや技術のことを，「マイクロマシン」，「ナノテク」などといったりする．「キログラム」や「キロメートル」の「キロ」は k=1 000=10^3 のことであるが，この「マイクロ」や「ナノ」はいったい何だろう．本節では，単位の前に付けて用いる接頭語について学ぼう．この接頭語を用いると，長さや質量の大きさを表すのが，大変楽になる．

〔1〕　**単位に付ける接頭語**　■ ■ ■

　身長 2 m，体重 200 kg の人の身長と体重はどちらが大きいか，と質問されたらどう答えたらよいだろうか．二人の人（A 君と B 君）の身長どうしを比較して，A 君と B 君の身長が等しい，あるいは A 君の身長のほうが B 君の身長より大きい，ということはできるが，身長と体重は異なる性質の量であるから，身長＝体重というような比較はできない．また，二つの物理量を比較したとき，その両者が等しくて，等式で結ばれる場合には，左辺の物理量と右辺の物理量の大きさが等しいだけでなく，**等式の左辺の単位と右辺の単位も等しくなければならない**．

　例えば，質量 1 キログラムは 1 000 グラムのことであるから，質量 $m=1$ kg を 2 節の 10 の累乗を用いて書き直すと

　　　$m = 1 \text{ kg} = 1\,000 \text{ g} = 1 \times 10^3 \text{ g}$

　　　$1 \text{ kg} = 1 \times 10^3 \text{ g}$

と書くことができる．したがって，〔kg〕と〔g〕の関係は

　　　〔kg〕＝〔10^3 g〕

となるので，k=10^3 であることがわかる．1×10^3 g と書くよりも，1 kg と書くほうが，わかりやすく取り扱いやすいので，ほかの桁でもここで用いた k=10^3 に相当する，単位の前に付けて用いる接頭語が用意されている．代表的な記号を**表 1·5** にまとめた．

1章 単位，次元，数の表し方

● 表 1・5 単位の 10^n の代わりに用いる接頭語 ●

大きな数			小さな数		
名称	記号	大きさ	名称	記号	大きさ
デカ (deca)	da	10^1	デシ (deci)	d	10^{-1}
ヘクト (hecto)	h	10^2	センチ (centi)	c	10^{-2}
キロ (kilo)	k	10^3	ミリ (milli)	m	10^{-3}
メガ (mega)	M	10^6	マイクロ (micro)	μ	10^{-6}
ギガ (giga)	G	10^9	ナノ (nano)	n	10^{-9}
テラ (tera)	T	10^{12}	ピコ (pico)	p	10^{-12}

(a) 接頭語の使用例——大きな数の例

例えば，面積の単位 ヘクタール〔ha〕は接頭語ヘクト（h $=10^2$）と面積の単位アール〔a〕の組合せになっている．1 a＝10 m×10 m＝100 m^2 と書けるので

$$1 \text{ ha} = 1 \times 10^2 \text{ a} = 100 \times 100 \text{ m}^2 = 100 \text{ m} \times 100 \text{ m}$$

となる．したがって，1 ha はちょうど 1 辺 100 m の正方形の面積に等しいことがわかる．ここで用いたヘクト（h）は，表 1・5 に示したように，$10^2=100$ を表す接頭語であるので，気圧の単位として用いる 1 ヘクトパスカル〔hPa〕は 100 Pa のことであることもわかる．このように，接頭語を用いると大きな数もわかりやすく表すことができる．

(b) 接頭語の使用例——小さな数の例

容積 10 デシリットル〔dl〕は，接頭語の デシ（d $=10^{-1}$）と容積の単位リットル〔l〕の組合せなので

$$10 \text{ d}l = 10 \times 10^{-1} \, l = 10 \frac{1}{10} \, l = 1 \, l$$

と書ける．したがって，1 l＝10 dl に等しいことがわかる．

長さの単位〔cm〕は接頭語の センチ（c $=10^{-2}$）と長さの単位メートル〔m〕の組合せなので，100 センチメートルをメートルで表すと

$$100 \text{ cm} = 100 \times 10^{-2} \text{ m} = 100 \frac{1}{100} \text{ m} = 1 \text{ m}$$

となり，1 m＝100 cm であることがわかる．

【例題 2】 1 m＝1 000 mm を示せ．
【解答例】 ミリメートル〔mm〕は接頭語のミリ（m $=10^{-3}$）と長さの単位メートル〔m〕の組合せなので

$$1\,000\text{ mm} = 1\,000 \times 10^{-3}\text{ m} = 1\,000 \times \frac{1}{1\,000}\text{ m} = 1\text{ m}$$

となり

$$1\text{ m} = 1\,000\text{ mm}$$

となる．

〔2〕 **単位の変換** ■ ■ ■

MKS 単位系と CGS 単位系の間の単位の変換について，速さ，体積，密度，などを例にして考えてみよう．

(a) **速さの単位の変換**

速さは単位時間 当たりに 移動する距離である．ここでは時間の単位として，時間 (hour) を〔h〕，分 (minutes) を〔min〕，秒 (second) を〔s〕で表す．1 h 当たり 36 km の速さで走っている自動車の速さは，1 s 当たり何 m になるのだろうか．つまり，時速 36 km/h の速さは，秒速 何 m/s だろうか．時速〔km/h〕を用いて速さを表す場合，距離の単位として〔km〕を用い，単位時間としては 1 h を用いている．秒速〔m/s〕を用いて速さを表す場合は，距離の単位として〔m〕を用い，単位時間としては 1 s を用いている．ここで，〔km/h〕と〔m/s〕との間の変換をしてみよう．

1 時間は 60 分，1 分は 60 秒なので，時間の単位の変換は

$$1\text{ h} = 1 \times 60\text{ min} = 1 \times 60 \times 60\text{ s} = 3\,600\text{ s} = 3.6 \times 10^3\text{ s}$$

となり，距離の単位の変換は

$$1\,〔\text{km}〕 = 1 \times 10^3 \,〔\text{m}〕$$

となるので，速さの単位の変換は以下のようになる．

$$36\text{ km/h} = 36 \times \frac{1\text{ km}}{1\text{ h}} = 36 \times \frac{1 \times 10^3\text{ m}}{3.6 \times 10^3\text{ s}} = \frac{3.6 \times 10^4\text{ m}}{3.6 \times 10^3\text{ s}}$$
$$= 1 \times 10^{4-3}\text{ m/s} = 10\text{ m/s}$$

つまり，時速 36 km/h は秒速 10 m/s に等しいことがわかる．

(b) **密度の単位の変換**

密度は単位体積 当たりの 質量と定義される．密度の単位は MKS 単位系では〔kg/m^3〕となるが，手でもてるくらいの大きさの物体の密度を表すには，CGS 単位系の〔g/cm^3〕を用いるほうが都合の良い場合が多い．**水**を例に，密度の単位の変換をしてみよう．CGS 単位系を用いると，体積が 1 cm^3 の水の質量は 1 g

であるから，水の密度 ρ は $\rho=1$ g/cm^3 と表せる．では，MKS 単位系で表した水の密度はいくらになるだろうか．質量 1 g を〔kg〕で表すと，次のようになる．

$$1\,\mathrm{g} = 1\times\frac{1\,000}{1\,000}\,\mathrm{g} = 1\times\frac{1}{1\,000}\times\frac{1\,000}{1}\,\mathrm{g} = 1\times\frac{1}{10^3}\times 10^3\,\mathrm{g}$$
$$= 1\times 10^{-3}(10^3\,\mathrm{g}) = 1\times 10^{-3}\,\mathrm{kg}$$

また，体積の単位の変換は，次のようになる．センチは c$=10^{-2}$ であることを思い出すと

$$1\,\mathrm{cm}^3 = 1\,\mathrm{cm}\times\mathrm{cm}\times\mathrm{cm} = 1\times(10^{-2}\,\mathrm{m}\times 10^{-2}\,\mathrm{m}\times 10^{-2}\,\mathrm{m})$$
$$= 1\times 10^{-2}\times 10^{-2}\times 10^{-2}\,\mathrm{m}\times\mathrm{m}\times\mathrm{m}$$
$$= 1\times 10^{-2-2-2}\,\mathrm{m}^3 = 1\times 10^{-6}\,\mathrm{m}^3$$

したがって，密度の単位の CGS 系と MKS 系の関係は

$$\rho = 1\,\mathrm{g/cm}^3 = 1\times\frac{1\,\mathrm{g}}{1\,\mathrm{cm}^3} = 1\times\frac{1\times 10^{-3}\,\mathrm{kg}}{1\times 10^{-6}\,\mathrm{m}^3}$$
$$= 1\times 10^{-3+6}\,\mathrm{kg/m}^3 = 1\times 10^3\,\mathrm{kg/m}^3 \qquad (1\cdot 1)$$

となる．ここで，質量の単位として〔t〕（トン）（$1\,\mathrm{t}=10^3\,\mathrm{kg}$）を使うと

$$\rho = 1\,\mathrm{g/cm}^3 = 1\times 10^3\,\mathrm{kg/m}^3 = 1\,\mathrm{t/m}^3$$

と表すことができる．つまり，水 1 立方メートルの質量は 1 t にもなるので縦，横，高さが $1\,\mathrm{m}\times 1\,\mathrm{m}\times 1\,\mathrm{m}$ の体積の水は人の手ではとても動かせないほど**重い**ことがわかる．

4 次　　元

　本章 3 節 1 項では，二人の人（A 君と B 君）の身長どうしを比較して，A 君と B 君の身長が等しい，あるいは A 君の身長のほうが B 君の身長より大きい，ということはできるが，身長と体重は異なる性質の量であるから，身長＝体重というような比較はできないことについて学んだ．一方，A 君の身長と東京タワーの高さを比べて，東京タワーのほうが高いということはできる．これは，身長と建物の高さはともに〔m〕を単位として表すことのできる**長さ**の性質をもつからである．このように，ある物理量のもつ物理的な性質を**次元**と呼ぶ．本章 3 節 1 項で学んだ，三つの異なる物理量に対する基本単位，**長さ**〔m〕，**質量**〔kg〕，**時間**〔s〕は，それぞれ，**長さの次元**，**質量の次元**，**時間の次元**というように別々の次元をもつ．長さの次元は L という記号で表し，質量の次元は M という記号で，ま

た，時間の次元は T という記号で表す．

（a） 次元の使い方

速さの次元：物体の速さ（v〔m/s〕）は，その物体が単位時間当たりに移動する距離として表される．あとで，詳しく述べるように，物体が時間 t〔s〕の間に距離 x〔m〕進んだとすると，そのときの物体の平均の速さ $\bar{v}$ は，以下の式で表される．

$$\bar{v} = \frac{x}{t} \quad \text{〔m/s〕} \tag{1・2}$$

物体が進んだ距離 x〔m〕の次元は L，進むのに要した時間 t〔s〕の次元は T であるので，$\bar{v}$ の次元を $[\bar{v}]$ と書くと，$[\bar{v}]$ は次のように表すことができる．

$$[\bar{v}] = \frac{[x \text{ の次元}]}{[t \text{ の次元}]} = \frac{L}{T} = L\, T^{-1} \tag{1・3}$$

つまり，速さの次元は L の 1 乗，T のマイナス 1 乗ということになる．

密度の次元：ある物体の密度は，単位体積当たりの質量と定義されるので，物体の質量を m〔kg〕，体積を V〔m³〕とすると，物体の平均の密度 $\bar{\rho}$ は，以下の式で表される．

$$\bar{\rho} = \frac{m}{V} \quad \text{〔kg/m³〕} \tag{1・4}$$

物体の質量 m〔kg〕の次元は M である．物体の体積 V〔m³〕は縦×横×高さで求められるので，体積 V の次元は〔縦の次元〕×〔横の次元〕×〔高さの次元〕で求められる．長さの次元は L なので，体積 V の次元 $[V]$ は $[V] = L \times L \times L = L^3$ と表すことができる．したがって

$$[\bar{\rho}] = \frac{[m]}{[V]} = \frac{M}{L^3} = M\, L^{-3} \tag{1・5}$$

つまり，密度の次元は M の 1 乗，L のマイナス 3 乗ということになる．

【例題 3】 面積 S の次元 $[S]$ は L^2 であることを示せ．

【解答例】 例えば，長方形の面積 S〔m²〕は縦の長さ×横の長さで求められるので，面積の次元は〔縦の長さの次元 L〕×〔横の長さの次元 L〕で求められる．したがって

面積 S の次元 $[S]$ は，$[S] = L \times L = L^2$ の次元をもつ．

本章 3 節 1 項で説明したように，物理量の等式が成り立つときは，左辺の物理量と右辺の物理量の大きさが等しいだけでなく，等式の左辺の単位と右辺の単位も等しくなければならない．すなわち，左辺の次元と右辺の次元が等しくなければならない．このように，等式の左辺の次元と右辺の次元を調べて，その式が正しいかどうか調べたりすることを**次元解析**という．

5　三角関数

本節では，2 種類の角度の表し方を学び，その後，三角比と三角関数（正弦 (sin)，余弦 (cos)，正接 (tan)）について学ぶ．

〔1〕 **角度の表し方**

角度の大きさを表すには，次の 2 種類の方法がある．

(a) 度を用いる方法

円周上にその円周を 360 等分した長さの円弧をとり，その円弧を円の中心から見たときの角度を 1 度といい，1° と表す．任意の角度は，1° に対する比を用いて表す．例えば，1° の角度の 5 倍の角度があればその角度を 5° という．円周を 4 等分した弧の中心に対する角度を直角という．直角は 90° である．

(b) 弧度を用いる方法

図 1・1(a) のように，円周上にその円の半径の長さと同じ長さの円弧をとり，その円弧を円の中心から見たときの角度を 1 ラジアン〔rad〕という．弧の長さを用いて角度を表す方法を**弧度法**という．図 1・1(b) のように，円周上の弧の長さが l〔m〕の場合は，l がその円の半径 r〔m〕の何倍あるかを調べれば中心角の大きさ θ を式 (1・6) のように〔rad〕を単位として表すことができる．

$$\theta = \frac{l}{r} \quad \text{〔rad〕} \tag{1・6}$$

$$l = r\theta \quad \text{〔m〕} \tag{1・7}$$

逆に，円の半径 r〔m〕と中心角 θ〔rad〕がわかると，円弧の長さ l〔m〕が式 (1・7) のように求まる．式 (1・6) からもわかるように θ は弧の長さ l〔m〕を半径の長さ r〔m〕で割った比であるから，**θ 自身は次元をもたない**，つまり〔rad〕は基本単位 (m, kg, s) のような単位ではないことに注意しよう．円周とその円の直径の比を π と表し，π を**円周率**と呼ぶ．l が円周の長さに等しい場合 ($l = 2\pi r$)，式 (1・6) の θ が 2π となる．円の大きさによらず，$\pi = 3.14159\cdots$ は常に一定の値

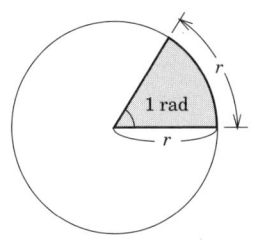
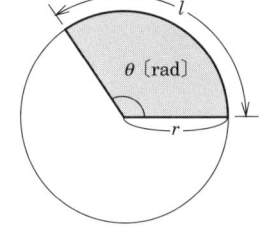

(a) ラジアン〔rad〕の定義　　(b) 円弧の長さ l と中心角 θ

● 図1・1　ラジアンの定義 ●

をとる．θ を 90°と同じ角度にとると，その場合，円弧の長さ l は円周の 1/4 になるので，90°は $\pi/2$〔rad〕の角度に等しいことがわかる．

【例題 4】　度を用いて表した角 ϕ〔°〕と弧度法を用いて表した角 θ〔rad〕が同じ大きさの角度の場合，ϕ〔°〕と θ〔rad〕の間の変換式を示せ．
【解答例】　ϕ が 180°の場合，θ は π〔rad〕に対応するので
$$\theta = \frac{\phi°}{180°} \times \pi \ \text{〔rad〕}$$
と表すことができる．

〔2〕　三角比と三角関数

図 1・2(a) に示した直角三角形の三つの辺，a, b, c と角 θ を用いると，三角比，正弦（sin），余弦（cos），正接（tan）は次のように表される．

$$\sin\theta = \frac{a}{c}, \quad \cos\theta = \frac{b}{c}, \quad \tan\theta = \frac{a}{b} \tag{1・8}$$

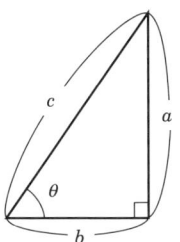
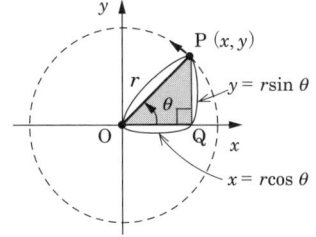

(a) 直角三角形における角 θ と辺 a, b, c との関係　　(b) 半径 r と角 θ および辺 x, y の長さの関係

● 図1・2　直角三角形と三角比，および座標への応用 ●

1章 単位，次元，数の表し方

【例題5】 図 1·2(a) の角 θ [rad] が $\dfrac{\pi}{3}$ [rad] (60°) の場合 $\sin\dfrac{\pi}{3}=\dfrac{a}{c}$ と $\cos\dfrac{\pi}{3}=\dfrac{b}{c}$，および $\tan\dfrac{\pi}{3}=\dfrac{a}{b}$ の値を求めよ．

[解答例] θ が 60° の直角三角形の場合，三辺 a, b, c の長さの間には $a=\sqrt{3}$, $b=1$, $c=2$, の関係があるので，次のようになる．

$$\sin\dfrac{\pi}{3}=\dfrac{a}{c}=\dfrac{\sqrt{3}}{2}, \quad \cos\dfrac{\pi}{3}=\dfrac{b}{c}=\dfrac{1}{2}, \quad \tan\dfrac{\pi}{3}=\dfrac{a}{b}=\dfrac{\sqrt{3}}{1}=\sqrt{3}$$

式 (1·8) を書き直すと

$$b=c\cos\theta, \quad a=c\sin\theta \tag{1·9}$$

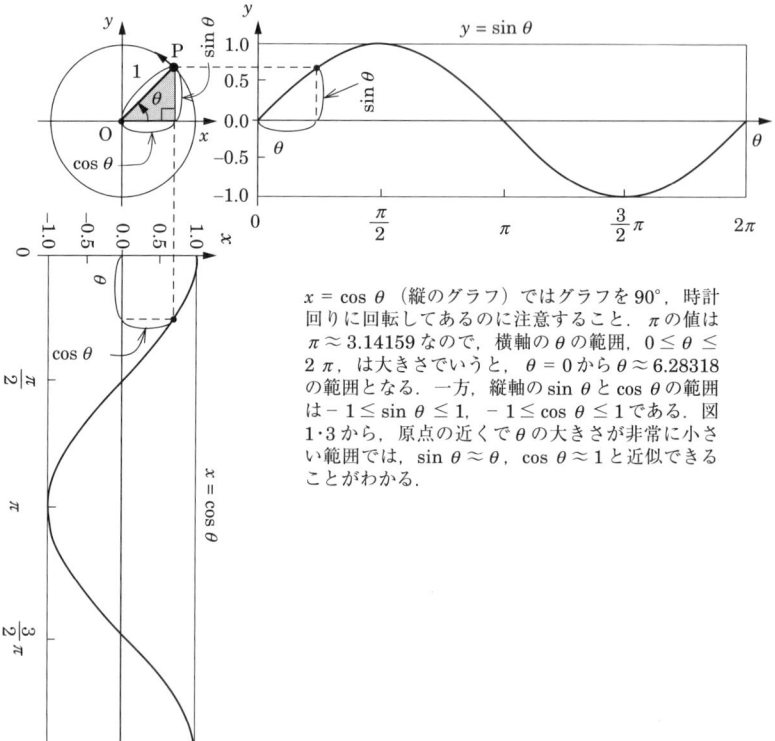

$x=\cos\theta$ (縦のグラフ) ではグラフを 90°，時計回りに回転してあるのに注意すること．π の値は $\pi\approx 3.14159$ なので，横軸の θ の範囲，$0\leq\theta\leq 2\pi$，は大きさでいうと，$\theta=0$ から $\theta\approx 6.28318$ の範囲となる．一方，縦軸の $\sin\theta$ と $\cos\theta$ の範囲は $-1\leq\sin\theta\leq 1$，$-1\leq\cos\theta\leq 1$ である．図 1·3 から，原点の近くで θ の大きさが非常に小さい範囲では，$\sin\theta\approx\theta$，$\cos\theta\approx 1$ と近似できることがわかる．

● 図 1·3　$0\leq\theta\leq 2\pi$ の範囲における $y=\sin\theta$ (横のグラフ) と $x=\cos\theta$ (縦のグラフ) ●

となるので，図 1・2(b) に示すように，直角三角形 OPQ の斜辺 OP の長さを $c=r$ とすると

$$x=r\cos\theta, \quad y=r\sin\theta \qquad (1 \cdot 10)$$

と表すことができる．半径 OP の部分に細い棒を置き，y 軸に平行な光をこの棒に当て，x 軸上にこの棒の影をつくることを，OP を x 軸に射影するという．したがって，半径 OP の長さ r を x 軸と y 軸に射影した長さが，$r\cos\theta$ と $r\sin\theta$ になる．このとき，θ は x 軸の正の側から y 軸の正の側に向かう反時計回りの向きを正（＋）とし，x 軸の正の側から y 軸の負の側に向かう時計回りの向きを負（－）として，〔rad〕を単位として測る．半径 OP の長さをメートル単位〔m〕で測り，大きさ 1 のみを書いて単位〔m〕を省いて $r=1$ とすると

$$x=\cos\theta, \quad y=\sin\theta \qquad (1 \cdot 11)$$

となり，$r=1$ を x 軸と y 軸に射影した長さがちょうど，$\cos\theta$ と $\sin\theta$ になる．

θ と $\sin\theta$，$\cos\theta$ の関係を**図 1・3**に示す．図 1・3 では，縦軸上の長さ 1 と横軸上の長さ 1 を同じ長さにとり，三角関数の正しい形がわかるようなグラフを描いた．

ま と め

・**SI 単位系**を表 1・6 にまとめておく．

● 表 1・6　物理の分野で広く用いられている SI 単位系 ●

長さ	質量	時間	電流	温度	光度	物質量
m	kg	s	A	K	cd	mol

・累乗を用いた**大きな数と小さな数の表し方**を表 1・7 にまとめておく．

● 表 1・7 ●

大きな数			小さな数		
数	10 の積		数	1/(10 の積)	
10……0 0 が n 個	10 × … × 10 10 が n 個	10^n	0.0…01 0 が n 個	$\dfrac{1}{10 \times \cdots \times 10}$ 分母に 10 が n 個	10^{-n}

1章 単位，次元，数の表し方

・三角比と三角関数の定義（図 1・4）．

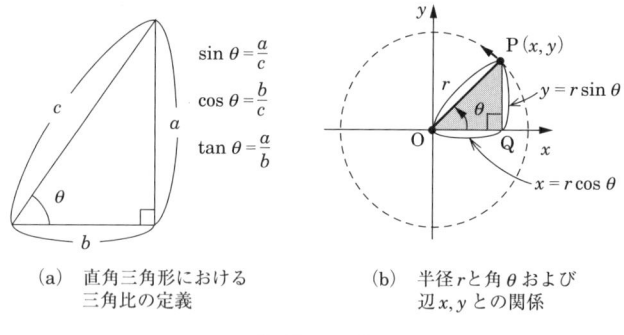

(a) 直角三角形における
三角比の定義

(b) 半径 r と角 θ および
辺 x, y との関係

● 図 1・4 ●

演 習 問 題

問1 1 hPa を MKS 単位系の基本単位を用いて表せ．

問2 図 1・1(b) の扇形の頂角 θ が 45° のとき，半径 $r = 1$ m の場合，弧 l の長さを求めよ．

問3 図 1・2(a) の直角三角形において，$\theta = 45°$ の場合，$\sin \theta$ と $\cos \theta$ の値を求めよ．

2章

ベクトルと座標系

　ある物体に力をかけて動かす場合には,「その物体を,二人がかりの力で,手前に引け」というように,力の大きさだけでなく,力をかける向きまで指定する必要がある.また,ある物体の動きを示す場合には,「その物体は時速 50 km/h で東向きに移動している」というように,その物体の速さと同時に移動している向きもまたいわなければならない.ある物体の位置を説明するには,「その物体は現在地から見て北東に 5 km 離れた位置にある」というようにその物体までの距離だけでなく,その物体のある位置の向きもまたいわなければならない.このように,**大きさと向き**の両方を指定する必要のある物理量を**ベクトル**と呼ぶ.同じ物体の位置を説明するのに,「その物体は現在地から見て東向きに 4 km 進み,その後北向きに 3 km 進んだ位置にある」というように,地図のように向きと距離を,座標の組合せで表したほうがわかりやすい場合もある.本章では,ベクトルと座標系の使い方について学ぶ.

1 ベクトルとスカラー

　大きさと向きの両方を指定する必要のある物理量を**ベクトル**と呼ぶ.一方,**大きさ**だけを指定すればよい物理量を**スカラー**と呼ぶ.「その物体の質量は 50 kg である」というときや,「その物体は現在の時刻から 5 秒後に床に落下する」というときに,質量や時間の向きを指定する必要はない.質量や時間は向きをもっていないスカラーの仲間である.

　物体の運動の様子を考えるときに必要となる物理量のうち,力 (F, Force),速度 (v, velocity),加速度 (a, acceleration),位置ベクトル (r) などはベクトルの例であり,質量 (m, mass),時間 (t, time) などはスカラーの例である.電磁気学で扱う電界 (電場, E),磁界 (磁場, B) はベクトルの例であり,電荷 (q) はスカラーの例である.熱学で扱う熱量 (Q),温度 (T),はスカラーの例である.

- ベクトルは大きさと向きをもつ物理量である.
- スカラーは大きさのみをもつ物理量である.

　ベクトルとスカラーの表示を区別するために,高校物理の教科書では,$\vec{A}$ のよ

うに，A の上に右向きの矢印（→）を付けて表したが，本書のような印刷物の中では，**ベクトルを太字の斜体**で表し，**スカラーを斜体**で表す．例えば，$\boldsymbol{A}$ はベクトルの A であり，A はスカラーの A である．物理学では，このように，記号を使い分けるので，その記号が表す物理量がベクトルなのかスカラーなのか，常に細心の注意を払う必要がある．その他，記号のもつ意味には特に注意して読んでほしい．本章では，まず，ベクトルの表し方やベクトルの使い方について学ぶ．

　ベクトルはそれ自体が大きさと向きをもっているので，各種の物理量をベクトルとして扱う限り，それらの物理量を扱う座標を，別途，定義する必要はない．しかしながら，運動する物体の位置や速度，加速度などを表すのに座標系を用いると便利である．自動車が直線道路の上を走るように，ある物体が直線上を運動する場合，その物体の位置や速度，加速度などを表すのに一次元の座標系を用いる．運動選手が運動場の中を走り回るように，ある物体が平面上を運動する場合には，二次元の座標系を用いる．本章では，これらの座標系や，その中でのベクトルの表し方についても学ぶ．

2　ベクトルの表し方

　ベクトルは，(1) **大きさ**，と (2) **向き**，の二つの性質をもつ物理量なので，ベクトルの性質をもつ物理量を表すとき，(1) その**大きさを表す記号**，と (2) その**向きを表す記号**，の二つの記号を用いる．例えば，ベクトル $\boldsymbol{A}$ を

$$\boldsymbol{A} \equiv A\,\hat{\boldsymbol{A}} \qquad\qquad (2\cdot1)$$

のように表す．ここで，A は $\boldsymbol{A}$ の**大きさを表す記号**であり，$\boldsymbol{A}$ で表される物理量の次元と単位をもつ．一方，$\hat{\boldsymbol{A}}$（A ハット）は $\boldsymbol{A}$ の**向きだけを表すための記号**で，**単位ベクトル**と呼ばれる．単位ベクトルは**大きさが 1 のベクトル**で，次元も単位ももたない．本書では，単位ベクトルを図で示す場合には，**図 2・1**(a) の太線で描いた白抜きの矢印のように，太い線で中を白く抜いた矢印を用いる．図 2・1(a) で表される右向きで長さ 1 の単位ベクトル $\hat{\boldsymbol{A}}$ を二つ足し合わせると，図 2・1(b) の黒色の矢印で表されるようなベクトルができる．このベクトルは $\hat{\boldsymbol{A}}$ の 2 倍の長さをもつので，$2\,\hat{\boldsymbol{A}}$ と表すことができる．同じように，$\hat{\boldsymbol{A}}$ を 3 倍の長さに伸ばすと，図 2・1(c) の黒色の矢印のようなベクトルができる．このベクトルは $\hat{\boldsymbol{A}}$ の 3 倍の長さをもつので，$3\,\hat{\boldsymbol{A}}$ と表すことができる．一般に，$\hat{\boldsymbol{A}}$ を A 倍の長さに伸ば

すと，図2·1(d) の黒色の矢印のような $A\hat{A}$ のベクトルができる．このベクトルを A と表す．ベクトル A とベクトル B が等しい場合

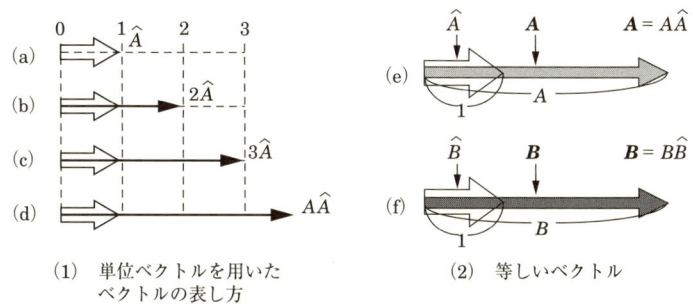

● 図 2·1　単位ベクトルを用いたベクトルの表し方と等しいベクトル ●

$$A = B, \quad A\hat{A} = B\hat{B} \tag{2·2}$$

と表すことができる．したがって

$$A = B, \quad \hat{A} = \hat{B} \tag{2·3}$$

を得る．式 (2·3) は，二つのベクトルの大きさが等しく（$A=B$），かつ，単位ベクトルで表される二つのベクトルの向きが同じ（$\hat{A}=\hat{B}$）であることを意味している．この様子は，図2·1(e), (f) を見るとよくわかる．図2·1(e), (f) において，A と B は同じ長さで，かつ，平行に描いてある．二つのベクトル A, B は同じ長さということから，大きさが等しく（$A=B$），同じ向きを向いているので，その向きを表す単位ベクトル，$\hat{A}$, $\hat{B}$ も等しい（$\hat{A}=\hat{B}$）ことがわかる．

3　ベクトルの和

　二つのベクトル，ベクトル A とベクトル B の和は図 2·2(a) で示すような三角形法で求める．まず，適当な尺度でベクトル A の矢印を描き，さらに，A の先端から，同じ尺度で次のベクトル B の矢印を描く．その後，A の始点と B の終点を結んでできる矢印をベクトル A とベクトル B の和のベクトルとする．ベクトル A と B の和をベクトル C で表すと

$$C = A + B \tag{2·4}$$

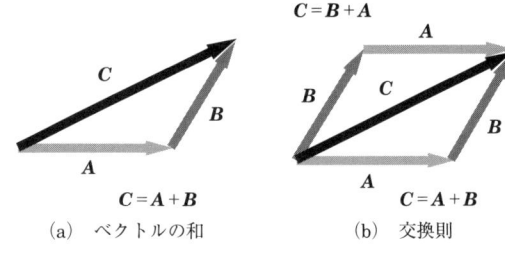

(a) ベクトルの和　　　(b) 交換則

● 図 2・2 ●

となる．ベクトルを加える順序を換えて三角形法でベクトル B とベクトル A の和を計算すると，やはり

$$C = B + A \tag{2・5}$$

のように，ベクトル C となる．したがって，ベクトルの加法では**ベクトルの加法に関する交換則**

$$A + B = B + A \tag{2・6}$$

が成り立つ．図 2・2(b) のように，$A+B$ と $B+A$ を同じ図に重ねて描くと，C は平行四辺形の同じ対角線の位置にくるベクトルとなるので

$$A + B = B + A \tag{2・7}$$

となり，交換則が成立することがわかる．平行四辺形の対角線でベクトルの和を表す方法を，平行四辺形法という．

【例題 1】 $A_1 = 1\,\widehat{A}$ と $A_2 = 2\,\widehat{A}$ の和を A とすると，A の大きさと向きを求めよ．

【解答例】 $A = A_1 + A_2$ であるので

$$A = A_1 + A_2 = 1\,\widehat{A} + 2\,\widehat{A} = (1+2)\,\widehat{A} = 3\,\widehat{A}$$

となる．A の大きさは 3 であり，A の向きは $\widehat{A}$ の向きであることがわかる．

三つのベクトル A，B，C の和は三角形法を繰り返し用いて求めることができる．

$$F = A + B + C \tag{2・8}$$

図 2・3(a) のように，まず，$D = A + B$ を求め，次に，$F = D + C$ として，F を求めることもできるし，図 2・3(b) のように，まず，$E = B + C$ を求め，次に，$F = A + E$ として，F を求めることもできる．図 2・3(a)，(b) はともに，同じ F

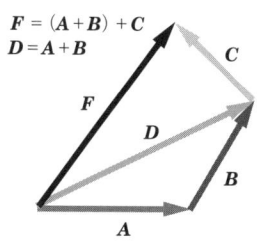 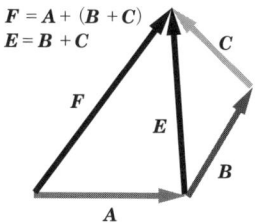

(a) ベクトルの和 $(A+B)+C$ (b) ベクトルの和 $A+(B+C)$

● 図 2・3　ベクトルの加法に関する結合則 ●

を得るので，式 (2・9) のように，**ベクトルの加法に関する結合則**が成り立つ．

$$(A+B)+C = A+(B+C) \tag{2・9}$$

4　負のベクトル

　ベクトルの和を求める三角形法を用いて負のベクトルをつくる．図 2・4(a) に示すように，まず，適当な尺度でベクトル B の矢印を描き，さらに，同じ尺度で破線の矢印で示すようなベクトル X を B の終点から B の始点まで描く．B の始点と X の終点は重なっているので，ベクトル B とベクトル X の和の大きさは 0 となり

$$B+X = 0 \tag{2・10}$$

と書ける．

　このようにベクトル B との和をつくったときに 0 となるようなベクトル X を $-B$ と呼び

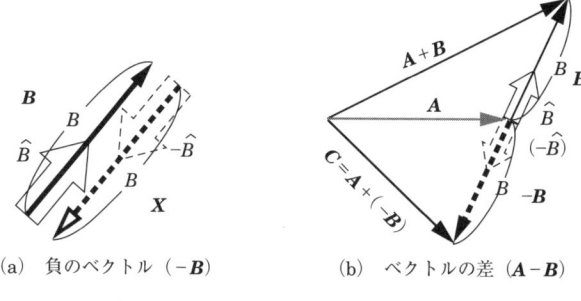

(a) 負のベクトル $(-B)$ (b) ベクトルの差 $(A-B)$

● 図 2・4　負のベクトルとベクトルの差 ●

$$X = -B \qquad (2 \cdot 11)$$

と表す．ベクトル X はベクトル B に負の符号を付けたベクトルと等しくなる．ベクトルの**大きさ**は**常に正**で負にならないので，$-B$ の負符号（－）は，次式 (2·12) で表されるように，$-B$ の向きが $\hat{B}$ と逆向きの $-\hat{B}$ であることを意味する．すなわち

$$-B = B(-\hat{B}) \qquad (2 \cdot 12)$$

のように扱う．

ベクトル A からベクトル B を引いた差のベクトルを求めるには，次式 (2·13) で示すように，ベクトル A に，式 (2·12) で定義した負のベクトル $-B$ を足せばよい．図 2·4(b) に，三角形法を用いて，ベクトルの差を求める方法を図示した．

$$C = A - B = A + (-B) \qquad (2 \cdot 13)$$

A を描いたあと，A の終点から B と逆向きで B と同じ大きさの $-B$ を描く．A の始点と $-B$ の終点を結んだ矢印 $A+(-B)$ がベクトルの差 $A-B$ を与える．

【例題 2】 $A_1 = 1\,\hat{A}$ から $A_2 = 2\,\hat{A}$ を引いた差を A とすると，A の大きさと向きを求めよ．

【解答例】 $A = A_1 - A_2$ なので

$$A = A_1 + (-A_2) = 1\,\hat{A} + 2(-\hat{A}) = 1\,\hat{A} - 2\,\hat{A} = (1-2)\,\hat{A} = -1\,\hat{A}$$
$$= 1(-\hat{A})$$

となる．A の大きさは 1 であり，A の向きは $-\hat{A}$ である．

5　一次元の座標系

ある物体が直線上を運動する場合，その位置を表すには次の**図 2·5** に示すような，一次元の座標を用いる．直線上のある点を基準点 O（原点 O）とし，単位ベクトルを用いて軸の向きを決める．この例では，右向きの単位ベクトル $\hat{x}$ の向きを x 軸の正の向きとし，$-\hat{x}$ の向きを x 軸の負の向きとする．$\hat{x}$ と $-\hat{x}$ で表される正負の方向に沿った直線を x 軸とする．x 軸上の点 P の位置を表すための**位置ベクトル r** を，線分 $\overline{\text{OP}}$ の長さ $x\,\text{[m]}$ と単位ベクトル $\hat{x}$ を用いて，次式のよう

5 一次元の座標系

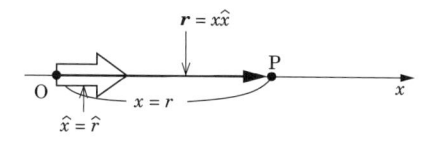

図 2・5 一次元の座標

に表す．

$$r = x\,\widehat{x} \tag{2・14}$$

（注） 本書の後半では，x 軸の正の向きを表す単位ベクトルを i と表すこともある．$i = \widehat{x}$ である．i を用いると，r は次式のように表すことができる．

$$r = x\,i \tag{2・15}$$

考えている物体が x 軸上を動いている場合は，x が時間とともに増減する．時刻 t [s] における物体の位置が x [m] であるとき，t を変数，x を t の関数といい，$x = x(t)$ と表す．したがって，位置ベクトル r は

$$r(t) = x(t)\,\widehat{x} \tag{2・16}$$

と書くことができる．

x 軸そのものが時間とともに動かないで静止している場合は，x 軸の向きは時間的に変化しない．この式 (2・16) の場合，$\widehat{x}$ は時間の関数ではないことを意味している．

【例題3】 x 軸上の原点 O に静止していた物体が $t = 0$ s で x 軸上を x 軸の負の向きに動き始めた．原点 O から物体までの距離 x [m] が単位時間（1 s）当たりに b [m] ずつ増加する場合，時刻 $t = t$ [s] における物体の位置を表す位置ベクトル r を式で表せ．

【解答例】 x が t に比例し，1 s 当たりに b [m] ずつ増加するので

$$x(t) = b\,t$$

と表すことができる．また，物体は x 軸の負の向きに動いているので，原点 O から見た物体の位置の向きは $-\widehat{x}$ となる．したがって，式 (2・16) を用いて

$$r(t) = b\,t\,(-\widehat{x}) = -b\,t\,\widehat{x}$$

となる．

6 二次元の直交座標系と平面極座標系

運動選手が運動場の中を走り回るように，ある物体が平面上を任意の向きに運動する場合，その物体の位置や速度，加速度などを表すのに二次元の座標系を用いる．二次元の座標系では，一次元の座標系で導入した x 軸に加え，図 2・6(a) に表すように，x 軸に対して直角に交わる y 軸を導入する．ここでは，単位ベクトル $\hat{y}$ を用いて y 軸の正の向きを表す．

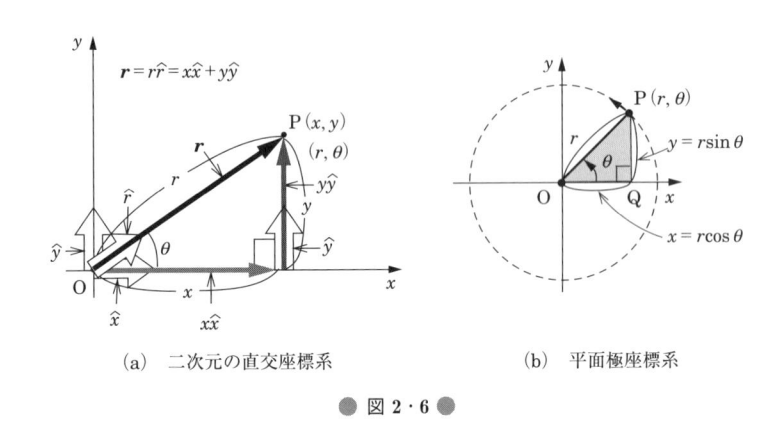

(a) 二次元の直交座標系　　(b) 平面極座標系

● 図 2・6 ●

(注) 単位ベクトルの書き方として，一般のベクトル $\boldsymbol{A}$ に対しては，$\boldsymbol{A}$ に沿う向きという意味を重視して $\hat{A}$ のように表した．ここでは，x 軸と y 軸の正の向きの単位ベクトルとして，$\hat{x}$ と $\hat{y}$ を用いているが，本書の後半では，単位ベクトルを

x 軸の正の向きの単位ベクトル：$\boldsymbol{i}$

y 軸の正の向きの単位ベクトル：$\boldsymbol{j}$

と書く．$\boldsymbol{i}=\hat{x}$，$\boldsymbol{j}=\hat{y}$ であり，ここでの表記法と同じ意味をもっている．

x 軸と y 軸の交点を原点 O とする．x 軸と y 軸が直角に交わっているので，この座標系を**直交座標系**と呼ぶ．x 軸と y 軸の間の角が直角なので，この座標系を**直角座標系**と呼ぶこともある．x–y 平面の中の点 P の位置は，点 P から x 軸に下ろした垂線の足と原点 O との間の距離を x とし，点 P から y 軸に下ろした垂線の足と原点 O との間の距離を y とすると，それらの組合せ (x, y) を用いて表

すことができる．点Pの位置はまた，原点Oから点Pまでの線分$\overline{OP}$の長さrとx軸から線分$\overline{OP}$までの角θの組合せ(r, θ)を用いて表すこともできる．この組合せ(r, θ)を用いて平面上の点の位置を表すような座標系を**平面(二次元)極座標系**という．

- **直交座標系**：座標(x, y)により点Pの位置を表す．
- **平面極座標系**：座標(r, θ)により点Pの位置を表す．

x–y平面の中の点Pの位置を表す位置ベクトル$\boldsymbol{r}$は図2·6(a)の中のOPを結ぶ矢印で表されるように，長さはrで，向きは$\hat{r}$である．もし，物体がx–y平面の中で運動すると，点Pの位置が時間とともに変化する．このとき，線分$\overline{OP}$の長さrと，その向きを表す単位ベクトル$\hat{r}$の両方が時間とともに変化する．したがって$\boldsymbol{r}$は，時間の関数として，以下の式(2·17)のように表される．

$$\boldsymbol{r}(t) = r(t)\,\hat{r}(t) \tag{2·17}$$

この位置ベクトル$\boldsymbol{r}(t)$は，x軸とy軸へ投影したベクトルの成分を使い，ベクトルの和の方法を用いて

$$\boldsymbol{r}(t) = x(t)\,\hat{x} + y(t)\,\hat{y} \tag{2·18}$$

と表すことができる．ここで，$x(t)$と$y(t)$は，それぞれ図2·6(a)に示すように，x軸の正の向き($\hat{x}$の向き)のベクトルの長さと，y軸の正の向き($\hat{y}$の向き)のベクトルの長さである．$\hat{x}$と$\hat{y}$は時間的に変化せず一定である．

(注)　本書の後半で使うx軸，y軸の各軸の正の向きを表す単位ベクトルを$\boldsymbol{i}$，$\boldsymbol{j}$で書けば，$\boldsymbol{r}$は以下の式(2·19)のように表される．

$$\boldsymbol{r}(t) = x(t)\,\boldsymbol{i} + y(t)\,\boldsymbol{j} \tag{2·19}$$

図2·6(b)の直角三角形OPQに，三角関数の余弦と正弦の定義を適用すると

$$\cos\theta = \frac{x}{r}, \quad \sin\theta = \frac{y}{r} \tag{2·20}$$

であるから，この式を書き直すと，直交座標(x, y)と極座標(r, θ)の間に次のような関係が成り立つ．

$$x = r\cos\theta, \quad y = r\sin\theta \tag{2·21}$$

位置ベクトル$\boldsymbol{r}$以外に一般的に，任意のベクトル$\boldsymbol{A}$も次式(2·22)のように，x軸方向のベクトルとy軸方向のベクトルの和として表すことができる．

(a) 成分を用いたベクトルの分解　　　(b) 成分を用いたベクトルの和

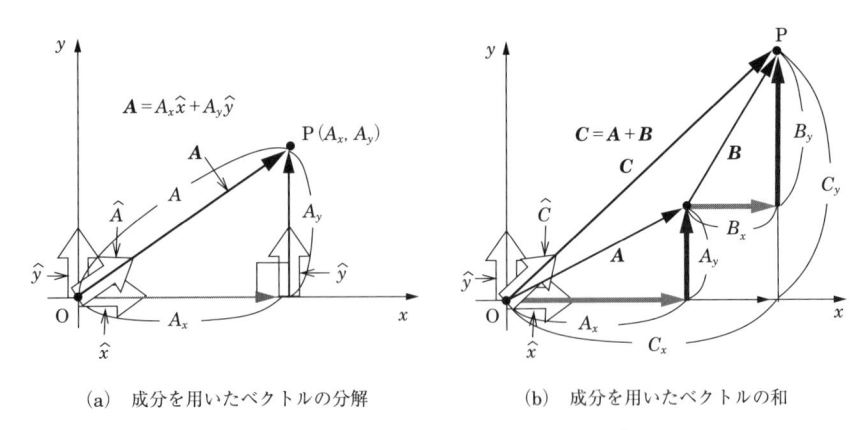

● 図 2・7　成分を用いたベクトルの表し方 ●

$$A = A_x \hat{x} + A_y \hat{y} \tag{2・22}$$

ここで，A_x と A_y は，それぞれ図 2・7(a) に示すように，ベクトル A の x 成分の大きさと y 成分の大きさである．任意のベクトル B もまた，A と同じように

$$B = B_x \hat{x} + B_y \hat{y} \tag{2・23}$$

と書くことができるので，A と B の和を C とすると，C は

$$C = A + B = A_x \hat{x} + A_y \hat{y} + B_x \hat{x} + B_y \hat{y}$$
$$= (A_x + B_x)\hat{x} + (A_y + B_y)\hat{y} = C_x \hat{x} + C_y \hat{y} \tag{2・24}$$

のように表すことができる．ベクトル C の x 成分を C_x，y 成分を C_y とすれば

$$C_x = A_x + B_x$$

$$C_y = A_y + B_y$$

である．式 (2・24) で表される状況はベクトルの和を作図してみるとよくわかる．図 2・7(b) で示すように，C の x 軸方向の成分の大きさ C_x は A の x 軸方向の成分の大きさ A_x と B の x 軸方向の成分の大きさ B_x との和に等しく，C の y 軸方向の成分の大きさ C_y は A の y 軸方向の成分の大きさ A_y と B の y 軸方向の成分の大きさ B_y との和に等しい．したがって，図 2・7(b) からも，式 (2・24) が成り立つことがわかる．

【例題 4】 $C = A + B$

$A = A_x\,\widehat{x} + A_y\,\widehat{y} = 2\,\widehat{x} + 1\,\widehat{y}$, $B = B_x\,\widehat{x} + B_y\,\widehat{y} = 1\,\widehat{x} + 2\,\widehat{y}$, の場合，$C$ を x 成分と y 成分の和の形で表せ．

［解答例］ C は一般に
$$C = A + B = (A_x + B_x)\,\widehat{x} + (A_y + B_y)\,\widehat{y} = C_x\,\widehat{x} + C_y\,\widehat{y}$$
と表されるので
$$C = A + B = (2+1)\,\widehat{x} + (1+2)\,\widehat{y} = 3\,\widehat{x} + 3\,\widehat{y}$$
となる．

ま と め

- ベクトルとスカラー：ベクトルは大きさと向きをもつ物理量である．
  スカラーは大きさのみをもつ物理量である．
- ベクトルの表し方：$A \equiv A\,\widehat{A}$
  - A は A の大きさを表す記号でその物理量の次元をもつ．
  - $\widehat{A}$ は A の向きを表す大きさ 1 の単位ベクトルであり，次元をもたない．
- 三角形法によるベクトルの和（図 2・8）

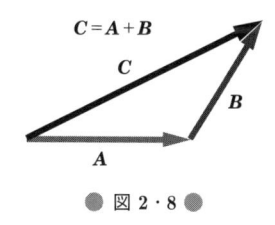

● 図 2・8 ●

A の先端から，同じ尺度で次のベクトル B の矢印を描く．その後，A の始点と B の終点を結んでできる矢印をベクトル A とベクトル B の和のベクトルとする．和のベクトルをベクトル C で表すと，$C = A + B$ となる．

- **一次元の座標**：x 軸上の点 P が時間 t とともに移動するとき，その位置を表すための位置ベクトル $r(t)$ は次式のようになる．
$$r(t) = r(t)\,\widehat{r} = x(t)\,\widehat{x}$$

2章　ベクトルと座標系

・**二次元の直交座標**：x-y 平面上の点 P が時間 t とともに移動するとき，その位置を表すための位置ベクトル $\boldsymbol{r}(t)$ は次式のようになる．

$$\boldsymbol{r}(t)=r(t)\,\widehat{r}(t)=x(t)\,\widehat{x}+y(t)\,\widehat{y}$$

直交座標 (x,y) と平面極座標 (r,θ) との関係

$$x(t)=r(t)\cos\theta(t), \quad y(t)=r(t)\sin\theta(t)$$

演習問題

問1 東向きに流れている川をボートで北向きに横切る場合について考えよう．ボートは流れのない湖では時速 4 km で走ることができる．川岸に立っている人から見て川の流れの速さは時速 3 km であった．川岸に立っている人から見て川を渡っていくボートの速さはいくらに見えるか．

問2 問1のボートで川幅が 100 m の川を横切るのに何分かかるか．

問3 ある人が，まず，東向きに 1 km 進み，その後，北向きに 1 km 進んだ．この人の現在地点はもとの位置から見て，どちら向きにどれくらい離れているか？

3章

一次元の運動

物体の一般的な運動について考える前に，まず，最も単純な直線上の運動について考えてみる．このような直線運動を**一次元の運動**という．ここでは，まっすぐな道路を走っている自動車の動きを例として考えよう．自動車は道路上を走り，道路上を前進あるいは後退するのみで，道路からはみ出ることはないとする．したがって，自動車は一次元の運動をする．この自動車の位置や速度の時間変化について考えてみる．

1 直線運動

まっすぐな道路を走っている自動車の速度を測定することを考える．図 $3 \cdot 1$(a) のように，道路に沿って右向きに x 軸の正の向きをとる．x 軸の正の向きを表す単位ベクトルを $\hat{x}$ とする．まず道路に目印として1本目の旗を立てる．この地点を基準点 O（原点 O）とし，この基準点 O から距離 x〔m〕を測る．次に，x 軸上の点 A と点 B の二点に目印の旗を立てる．点 A，点 B の位置ベクトルをそれぞれ，$\boldsymbol{x}_A$，$\boldsymbol{x}_B$ と表す．

自動車の先端が原点 O を通過する時刻を $t=0\,\mathrm{s}$ とし，この時刻から時間 t〔s〕を計り始める．x 軸上を正の向きに走る自動車の先端が時刻 $t=t_A$〔s〕に点 A を通過し，次に時刻 $t=t_B$〔s〕で点 B を通過したとすると，自動車が AB 間を走るのに要した時間 Δt〔s〕は

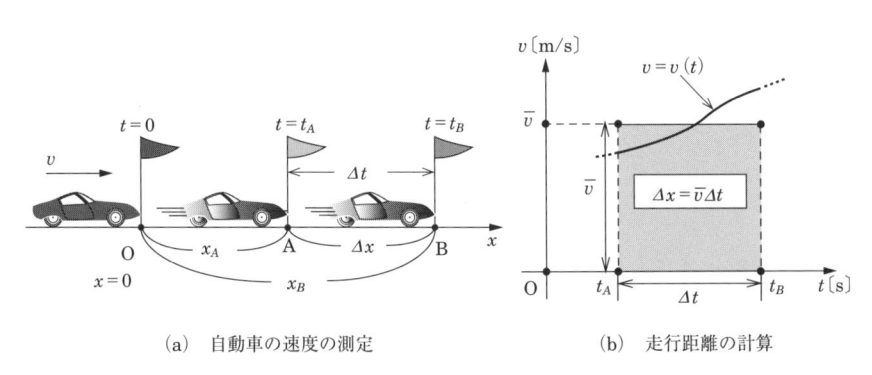

(a) 自動車の速度の測定　　(b) 走行距離の計算

● 図 $3 \cdot 1$　直線運動をする自動車 ●

$$\Delta t = t_B - t_A \tag{3・1}$$

となる.点 A から点 B へのベクトルを $\Delta \boldsymbol{x}$ で表すと,自動車は Δt 〔s〕の間に時刻 $t = t_A$ における位置 $\boldsymbol{x}_A$ から時刻 $t = t_B$ における位置 $\boldsymbol{x}_B$ まで $\Delta \boldsymbol{x}$ だけ進んだので,ベクトルの和の方法を用いて

$$\boldsymbol{x}_B = \boldsymbol{x}_A + \Delta \boldsymbol{x} \tag{3・2}$$

と表すことができる.したがって

$$\Delta \boldsymbol{x} = \boldsymbol{x}_B - \boldsymbol{x}_A \tag{3・3}$$

となる.この $\Delta \boldsymbol{x}$ を**変位ベクトル**と呼ぶ.

$$\boldsymbol{x}_A = x_A \widehat{x}, \quad \boldsymbol{x}_B = x_B \widehat{x} \tag{3・4}$$

であるので

$$\Delta \boldsymbol{x} = \boldsymbol{x}_B - \boldsymbol{x}_A = x_B \widehat{x} - x_A \widehat{x} = (x_B - x_A)\widehat{x} = \Delta x \, \widehat{x} \tag{3・5}$$

と書くことができる.ただし

$$\Delta x = x_B - x_A \tag{3・6}$$

とした.Δx を**変位**と呼ぶ.自動車は Δt 〔s〕間に Δx 〔m〕走ったことになる.

図 3・1(a) のように,自動車が右向きに走る場合は,点 B は点 A の右側にくるので,$x_B > x_A$ であり

$$\Delta x = x_B - x_A > 0$$

となる.したがって,変位ベクトル $\Delta \boldsymbol{x}$ は右向き($\widehat{x}$ の向き)となる.

もし,自動車が左向きに進んでいる場合は,点 B が点 A の左側にくるので,$x_A > x_B$ となり

$$\Delta x = x_B - x_A < 0$$

となる.したがって,この場合の変位ベクトル $\Delta \boldsymbol{x}$ は

$$\Delta \boldsymbol{x} = \Delta x \, \widehat{x} = (x_B - x_A)\widehat{x} = |x_B - x_A|(-\widehat{x})$$

となる.ここで,絶対値 $|x_B - x_A|$ を用いたのは,**ベクトルの大きさは負にならない**からである.つまり,自動車が左向きに走っている状況を考える場合は,変位ベクトル $\Delta \boldsymbol{x}$ は左向き($-\widehat{x}$ の向き)となる.このように,考えている点の位置関係により変位 Δx は負の値になることもあるので注意しよう.

一次元の運動を考える場合,変位ベクトル $\Delta \boldsymbol{x}$ の向きは,変位 Δx の符号により決まる.符号が正の場合は $\widehat{x}$ の向きとなり,符号が負の場合は $-\widehat{x}$ の向きとなる.したがって,**一次元の場合は,ベクトルの大きさを表す変数に符号を含ませ**

て扱うことにすれば，符号によりベクトルの向きを表すことができる．この方法により，$\hat{x}$などの軸の向きを表す単位ベクトルを省略することができる．

速度，加速度などの一般的な扱いは4章で説明するが，物体の**位置ベクトル x の時間的な変化率**を**速度**といい，v〔m/s〕で表す．図3・1(a) では，自動車は Δt〔s〕の間に Δx〔m〕走ったので，自動車の**位置ベクトル x の平均的な時間的変化率**は $\Delta x/\Delta t$〔m/s〕となる．このベクトルを**平均速度**といい，次式 (3・7) のように，$\overline{v}$〔m/s〕で表す．

$$\overline{v} = \frac{\Delta x}{\Delta t} \tag{3・7}$$

Δt〔s〕間の自動車の平均速度 $\overline{v}$〔m/s〕がわかれば，その間の自動車の位置の変位を表す変位ベクトル Δx〔m〕は

$$\Delta x = \overline{v}\, \Delta t \tag{3・8}$$

として求められる．図3・1(b) のように，横軸に時間 t，縦軸に自動車の速度 v をとり（**v–t 図**），$v(t)$ の時間的な変化を図中の太い曲線で示すと，Δt〔s〕の間に自動車が走った距離 Δx〔m〕は $\Delta x = \overline{v}\Delta t$ で求められる．この Δx は図3・1(b) 中の灰色（アミがけ）の長方形の面積に相当する．

② 等速直線運動

本節では，最も単純な例として，直線状の道路を常に一定の速度 v〔m/s〕で走っている自動車の動き（等速直線運動）について考えてみよう．自動車の速度が時間的に常に一定なので，前節の図3・1(a) の中の点 A と点 B を道路上のどの地点にとっても，単位時間当たりの自動車の走行距離 $\Delta x/\Delta t$〔m/s〕は常に同じ値になる．したがって，どの時刻における速度 v も平均速度 $\overline{v}$ と同じ値になる．つまり，平均速度 $\overline{v}$ は常に，任意の時刻における速度 v〔m/s〕と等しくなる．

$$v = \overline{v} = \frac{\Delta x}{\Delta t} \tag{3・9}$$

図3・2(a) のように，道路上に，右向きに x 軸をとる．まず道路上の基準点 O（原点 O）に目印として1本目の旗を立て，その後，原点 O から右向きに $\Delta x = 10$ m ごとに目印の旗を 10 本立てる．原点 O から，右向きを正として，距離 x〔m〕を測る．原点 O から右に 10 本目の旗の位置 x は $x = 100$ m である．ここでは，自動車は各旗の間を $\Delta t = 1$ s で通過し，全区間 100 m を 10 s で通過したとしよう．

3章 一次元の運動

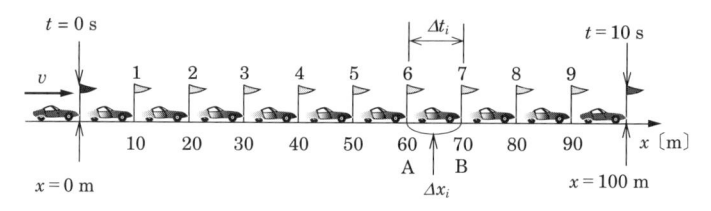

(a) 等速直線運動をする自動車

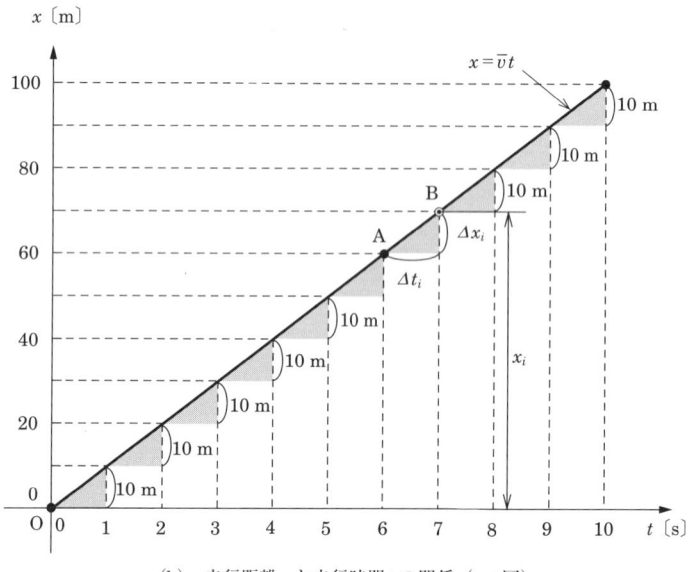

(b) 走行距離 x と走行時間 t の関係（x-t 図）

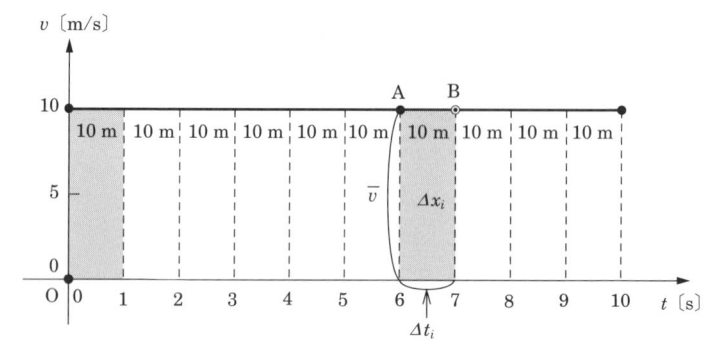

(c) 速度 v と走行時間 t の関係（v-t 図）．Δx_i は Δt_i の間に進んだ距離

● 図 3・2　等速直線運動をする自動車 ●

自動車の速度 v [m/s] は次のようにして求められる.

$$v = \overline{v} = \frac{\Delta x}{\Delta t} = \frac{10 \text{ m}}{1 \text{ s}} = 10 \text{ m/s} \tag{3・10}$$

逆に次式 (3・11) のようにして, $\Delta t = 1$ s 間の自動車の平均速度 $\overline{v} = 10$ m/s から, $\Delta t = 1$ s 間に自動車が走った距離 $\Delta x = 10$ m を求めることができる.

$$\Delta x = \overline{v}\, \Delta t = 10 \text{ m/s} \times 1 \text{ s} = 10 \times 1 \frac{\text{m}}{\text{s}} \times \text{s} = 10 \text{ m} \tag{3・11}$$

すべての区間で式 (3・11) と同じ計算ができるので, 自動車は 1 s ごとに 10 m ずつ走行距離を増やしていく.

図 3・2(b) のように, 横軸に, 自動車が原点 O を通過した時刻を $t = 0$ s として計った経過時間 t [s] を, 縦軸に, 原点 O を $x = 0$ m として測った, 自動車の走行距離 x [m] をとるような **x–t 図**を描くと, 1 秒間当たりの距離の増加分は図 3・2(b) 中の灰色（アミがけ）の部分で示すような三角形の縦の辺の長さになる. この三角形の形は常に同じなので, x と t の関係は原点 O を通る直線で表される. x は時間 t とともに増加するので, t の関数として $x = x(t)$ のように書くことができる. 図 3・2(b) 中のこの直線の傾きは $\Delta x / \Delta t$ であり, 自動車の平均速度 $\overline{v}$ になっていることに注意しよう. したがって, 原点 O を通る $x(t)$ の直線を表す式は

$$x(t) = \overline{v}\, t = 10\, t \tag{3・12}$$

である. ここで, 上式の右辺の 10 の次元について考えてみよう. 1 章 3 節 1 項で述べたように, 等式の左辺と右辺は同じ次元と単位をもつので, x の次元 L, [10 の次元], t の次元 T の関係は

$$\text{L} = [10 \text{ の次元}] \text{T} \tag{3・13}$$

となる. したがって

$$[10 \text{ の次元}] = \frac{\text{L}}{\text{T}} = \text{L T}^{-1} \tag{3・14}$$

となる. 一方, 自動車の走行距離 x の単位は [m], 走行時間 t の単位は [s] であるので, [10 の単位] は次のようになる.

$$[10 \text{ の単位}] = \frac{[x \text{ の単位}]}{[t \text{ の単位}]} = \frac{[\text{m}]}{[\text{s}]} = [\text{m/s}] \tag{3・15}$$

したがって, ここに現れた 10 は単なる数ではなく, 次元 L T^{-1}, 単位 [m/s] をもつ物理量であることがわかる. すなわち, 式 (3・12) の 10 は, 自動車の走行距離が 1 s 当たりに 10 m ずつ増加すること, つまり, 距離の時間的な変化の割合で

ある速度を意味している．このように，式の中に現れる数字は次元や単位をもつことが多いので，注意しよう．

もし，自動車の走行距離 x を測り始める位置が $t=0$ s で原点 O から x_0 [m] ずれていたとすれば，t [s] における自動車の位置 $x(t)$ は

$$x(t) = \overline{v}\, t + x_0 \tag{3・16}$$

と表すことができる．

一方，図 3・2(c) のように横軸に経過時間 t [s]，縦軸に自動車の速度 v [m/s] をとる **v–t 図**を描くと，図 3・2(c) 中の灰色（アミがけ）の四角形の面積が $\Delta t = 1$ s 間の走行距離 $\Delta x = 10$ m になる．自動車の速度 v が常に $\overline{v} = 10$ m/s で一定であるので，この四角形は常に同じ形になる．したがって，図 3・2(c) 中の v の直線を表す式は

$$v = \overline{v} = 10 \text{ m/s} = 一定 \tag{3・17}$$

となる．この式は，t 軸に平行な直線を表す．

速度 v は位置ベクトル x の時間的変化率で定義されるベクトルである．速度としては，瞬間速度 v と平均速度 $\overline{v}$ の 2 種類の速度が考えられる．詳しくは 4 章で説明する．

【例題 1】 速度が常に $\overline{v} = 10$ m/s で一定の等速直線運動をしている自動車の時速はいくらか求めよ．1 章 3 節 2 項 **単位の変換** を参考にせよ．

【解答例】 時間の単位の変換は，1 章 3 節 2 項より

$$1 \text{ h} = 1 \times 60 \text{ min} = 1 \times 60 \times 60 \text{ s} = 3\,600 \text{ s} = 3.6 \times 10^3 \text{ s}$$

であるので，この逆は，$1 \text{ s} = 1/(3.6 \times 10^3)$ h である．

また，距離の単位の変換は，$1 \text{ km} = 1 \times 10^3$ m であるから，この逆は

$$1 \text{ m} = 1 \times 10^{-3} \text{ km}$$

である．したがって，以下のようになる．

$$10 \text{ m/s} = 10 \times \frac{1 \text{ m}}{1 \text{ s}} = 10 \times \frac{1 \times 10^{-3} \text{ km}}{\frac{1}{3.6 \times 10^3} \text{ h}}$$

$$= 10 \times 10^{-3} \times 3.6 \times 10^3 \, \frac{\text{km}}{\text{h}}$$

$$= 36 \text{ km/h}$$

3 一次元の等加速度運動

本節では，最初に止まっていた自動車が，1秒間当たり同じ割合で加速しながら直線状の道路を走っていく様子について考えてみる．

図3·3(a) の上段の図に示すように，最初止まっていた自動車の先端の位置を基準点O（原点O）とし，道路上，右向きに x 軸をとる．自動車は $t=0$ s で動き始め，時間的に同じ割合で加速し，$t=10$ s で $x=100$ m に達したとする．参考のために，図3·3(a) の下段に秒速 10 m/s で等速直線運動をする自動車の位置を1秒ごとに示してある．上段に描かれた等加速度運動をする自動車は，最初は止まっており $t=0$ s で動き出すとしたので，始めのうちは下段の等速直線運動をする自動車よりも遅れるが，$t=10$ s で $x=100$ m に達した時点で下段の自動車に追いつく．その後は，等加速度運動する自動車が等速直線運動をする自動車を追い越す．

原点Oから自動車の先端の位置までの距離で自動車の位置 x を表すことにする．x は時間 t とともに増加するので，x は時間 t の関数として $x=x(t)$ のように書くことができる．1秒ごとに自動車の先端の位置を測定したところ x は t に関して図3·3(b) の x–t 図で示すように変化した．図3·3(b) の横軸は自動車が原点Oを出発してからの経過時間 t〔s〕を示し，縦軸は t〔s〕における自動車の位置 $x(t)$〔m〕を示してある．図中の黒丸は1秒ごとの自動車の位置を示す．図3·3(b) ではこれらの黒丸をなめらかな曲線で結んである．ここで用いた例では，$x(t)$ の曲線を表す式は

$$x(t)=t^2 \tag{3·18}$$

になっている．もし $t=0$ s で自動車の走行距離 x を測り始める位置が原点Oから x_0〔m〕ずれているとすれば，t〔s〕における自動車の位置 $x(t)$ は

$$x(t)=t^2+x_0 \tag{3·19}$$

と表すことができる．図3·3(b) 中の灰色（アミがけ）の三角形の底辺の幅は測定の時間間隔 $\Delta t=1$ s に相当し，高さは各1秒間ごとの走行距離 Δx〔m〕に相当するので，i 番目の測定時間間隔 Δt_i における自動車の平均速度 $\overline{v}_i$ は次式 (3·20) のようにして求められる．

$$\overline{v}_i=\frac{\Delta x_i}{\Delta t_i} \quad (i=1,2,3,\cdots,10) \tag{3·20}$$

例えば，図3·3(b) 中の $i=7$ 番目の区間（点Aから点Bまでの間），つまり $t=6$ s

41

3章 一次元の運動

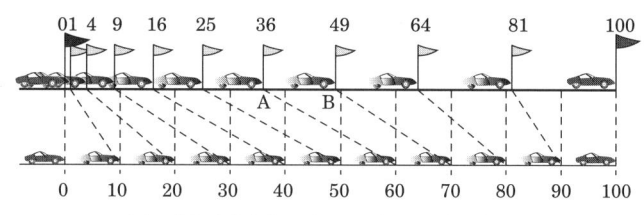

(a) 等加速度直線運動をする自動車（上段）
等速直線運動をする自動車（下段，参考図）

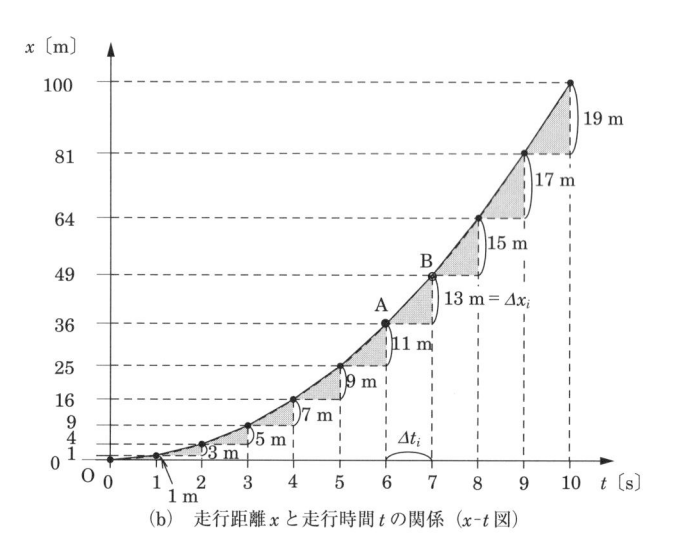

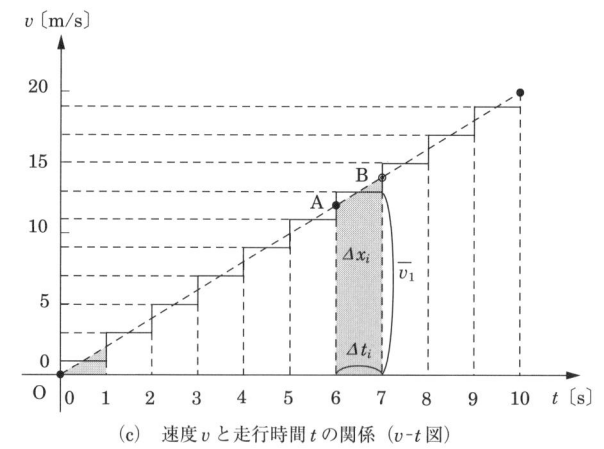

(b) 走行距離 x と走行時間 t の関係（x-t 図）

(c) 速度 v と走行時間 t の関係（v-t 図）

● 図 3・3　等加速度直線運動をする自動車 ●

42

から $t=7 \mathrm{~s}$ までの $\Delta t_7=1 \mathrm{~s}$ 間では，自動車は $x=36 \mathrm{~m}$ から $x=49 \mathrm{~m}$ の $\Delta x_7=13$ m だけ走るので，自動車の平均速度 $\overline{v}_7$ は

$$\overline{v}_7 = \frac{\Delta x_7}{\Delta t_7} = \frac{13 \mathrm{~m}}{1 \mathrm{~s}} = 13 \mathrm{~m/s}$$

となる．同じようにして，$i=1$ ($0 \sim 1 \mathrm{~s}$)，$i=2$ ($1 \sim 2 \mathrm{~s}$)，$i=3$ ($2 \sim 3 \mathrm{~s}$)，… の各時間間隔における平均速度 $\overline{v}_i$ を求めることができる．図 3・3(c) に，このようにして式 (3・20) で求めた各時間間隔における自動車の平均速度 $\overline{v}_i$ の時間変化の図 (v–t 図) を示した．1 秒ごとにひいた横棒は各時間間隔における平均速度 $\overline{v}$ を示している．

図 3・3(c) 中の $i=7$ 番目の区間（点 A から点 B までの間）の $\Delta t_7=1 \mathrm{~s}$ の時間間隔に自動車の走った距離 Δx_7 [m] は，自動車の平均速度 $\overline{v}_7=13 \mathrm{~m/s}$ より

$$\Delta x_7 = \overline{v}_7 \Delta t_7 = 13 \mathrm{~m/s} \times 1 \mathrm{~s} = 13 \times 1 \frac{\mathrm{m} \times \mathrm{s}}{\mathrm{s}} = 13 \mathrm{~m}$$

となる．このようにして，$\Delta t_7=1 \mathrm{~s}$ 間の自動車の平均速度 $\overline{v}_7=13 \mathrm{~m/s}$ から，$\Delta t_7=1$ s 間に自動車が走った距離 Δx_7 を図 3・3(c) 中の灰色（アミがけ）の台形の面積から求めることができる．

この例では，自動車の速度 $v(t)$ は図 3・3(c) 中の点 (0, 0) と点 (10, 20) を結ぶ破線で表されるように直線的に増加する．図 3・3(c) 中の，破線で表される $v(t)$ の直線を表す式は

$$v(t) = 2t \tag{3・21}$$

になっている．ここで，上式 (3・21) の比例係数 2 の次元について考えてみよう．1 章 3 節 1 項で述べたように，等式の左辺と右辺は同じ次元と単位をもつので，v の次元 $[v]$，[2 の次元]，t の次元 $[t]$ は，次式で表される関係をもつ．

$$[v] = [2\text{ の次元}][t] \tag{3・22}$$

ここで，速度 v の次元 $[v]$ は長さ x の次元 L と時間 t の次元 T を用いて

$$[v] = \frac{\mathrm{L}}{\mathrm{T}} \tag{3・23}$$

と書けるので

$$[2\text{ の次元}] = \frac{\left(\dfrac{\mathrm{L}}{\mathrm{T}}\right)}{\left(\dfrac{\mathrm{T}}{1}\right)} = \mathrm{L~T}^{-2} \tag{3・24}$$

となる．

同様にして，〔v の単位〕は次式のように表される．

$$〔v \text{ の単位}〕=\frac{〔x \text{ の単位}〕}{〔t \text{ の単位}〕}=\frac{〔\text{m}〕}{〔\text{s}〕}=〔\text{m/s}〕 \qquad (3\cdot25)$$

したがって，〔2 の単位〕は次のようになる．

$$〔2 \text{ の単位}〕=\frac{〔v \text{ の単位}〕}{〔t \text{ の単位}〕}=\frac{\left(\dfrac{〔\text{m}〕}{〔\text{s}〕}\right)}{\left(\dfrac{〔\text{s}〕}{1}\right)}=\frac{〔\text{m}〕}{〔\text{s}^2〕}=〔\text{m/s}^2〕 \qquad (3\cdot26)$$

したがって，式 (3·21) 中の比例係数の 2 は単なる数ではなく，次元 L T^{-2}，単位 $〔\text{m/s}^2〕$ をもつ物理量であることがわかる．すなわち，式 (3·21) の 2 は，自動車の速度が 1 s 当たりに 2 m/s ずつ速くなることを示している．つまり，2 は速度の増加率である加速度が 2 m/s² であることを意味している．

もし，加速度 $a 〔\text{m/s}^2〕$ を一定にして，自動車を加速すると，時刻 $t 〔\text{s}〕$ における自動車の速度 $v(t)$ は

$$v(t)=a\,t$$

と表される．もし，時刻 $t=0 〔\text{s}〕$ の時点で自動車が，すでに $v_0 〔\text{m/s}〕$ の速度で走っていたなら，時刻 $t 〔\text{s}〕$ における自動車の速度 $v(t)$ は

$$v(t)=v_0+a\,t \qquad (3\cdot27)$$

となる．

加速度 $\boldsymbol{a}$ は速度 $\boldsymbol{v}$ の時間的変化率で定義される．加速度は，速度と同じように，ベクトルである．加速度の場合も，速度と同じく，瞬間加速度 $\boldsymbol{a}$ と平均加速度 $\bar{\boldsymbol{a}}$ の 2 種類の加速度が考えられる．詳しくは 4 章で説明する．

まとめ

- 位置ベクトル x から速度 v，加速度 a を求める．
  - 物体の速度 v は物体の走る距離 x の時間的変化率に等しい．
  - 物体の加速度 a は物体の速度 v の時間的変化率に等しい．
- 等速直線運動での t，$\bar{v}$，x の関係は次のように表される．

$$x(t) = x_0 + \bar{v}\, t$$

$$v(t) = \bar{v} = 一定$$

$$\bar{v} = \frac{\Delta x}{\Delta t} = \frac{x(t_B) - x(t_A)}{\Delta t}$$

- 一次元の等加速度運動での t，v，x の関係は次のように表される．

$$x(t) = x_0 + v_0 t + \frac{1}{2}\bar{a}\, t^2$$

$$v(t) = v_0 + \bar{a} t$$

$$a(t) = \bar{a} = 一定$$

$$\bar{a} = \frac{\Delta v}{\Delta t} = \frac{v(t_B) - v(t_A)}{\Delta t}$$

演習問題

問1 自動車が x 軸上を等速運動をしている．自動車は $t_A = 3\,\mathrm{s}$ で $x_A = 50\,\mathrm{m}$ を通過し，$t_B = 5\,\mathrm{s}$ で $x_B = 10\,\mathrm{m}$ を通過した．自動車の速度 v は秒速でいくらか，この速度は時速で示すといくらになるか．

問2 x 軸上を x 軸の正の向きに速度 $\bar{v} = 20\,\mathrm{m/s}$ で等速直線運動をしていた自動車が，時刻 $t_A = 0\,\mathrm{s}$ で $x_A = 0\,\mathrm{m}$ を通過した．$t_B = 5\,\mathrm{s}$ における，自動車の位置 $x_B\,[\mathrm{m}]$ を求めよ．

問3 静止していた自動車が時刻 $t = 0\,\mathrm{s}$ で原点 O から x 軸上を x 軸の正の向きに等加速度運動を始めた．自動車は $t = 10\,\mathrm{s}$ で速度 v が $v = 100\,\mathrm{m/s}$ に達した．この自動車の加速度 $a\,[\mathrm{m/s^2}]$ はいくらか．また，$t = 10\,\mathrm{s}$ における自動車の位置 $x\,[\mathrm{m}]$ はいくらか．

4 章

加速度が変化する直線運動

　本章では，最初止まっていた自動車が直線状の道路上で動き出し，その後，加速度や速度を変化させながら走る場合の自動車の位置，速度，加速度の関係について考えてみよう．

1 自動車の位置から速度を求める

　3章3節 図3・3(a) と同じように，最初止まっていた自動車の先端の位置を基準点O（原点O）とし，直線の道路上，右向きに x 軸をとる．自動車は $t=0$ s で動き始め，その後，加速しながら走り出す．このとき，自動車の加速度 a は時間 t とともに変化するとする．この場合，a は時間 t の関数として $a=a(t)$ のように書くことができる．原点Oから自動車の先端の位置までの距離で自動車の位置 x を表すことにする．x は時間とともに変化するので，時間 t の関数として $x=x(t)$ のように書く．

　時刻 t における自動車の位置 x を測定したところ x は t に関して**図4・1**(a) で示すように変化した．自動車の走行距離 x と走行時間 t の関係を示す図4・1(a) を **x–t 図**と呼ぶ．このとき，点Aと点Bの間の自動車の**平均速度** $\overline{v}$ は，3章1節で述べたように

$$\overline{v}=\frac{\Delta x}{\Delta t}=\frac{x_B-x_A}{t_B-t_A} \tag{4・1}$$

で求められる．$\overline{v}$ は，図4・1(a) 中では点Aと点Bを結ぶ線分の**傾き**になっていることに注意しよう．式 (4・1) を用いれば，Δt〔s〕間の自動車の平均速度は求まるが，Δt があまり長いと，平均速度 $\overline{v}$ は点Aを通過する自動車の瞬間速度 v とは，かけ離れた値になる．なるべく点Aを通過する自動車の瞬間速度 v に近い値の $\overline{v}$ を求めるには，Δt をなるべく短くすればよい．図4・1(a) の①，②，③，④，… のように，Δt をしだいに短くしていくと，点Bは図4・1(a) 中の $x(t)$ の曲線上の白丸で示すように，しだいに点Aに近づいていく．このとき，線分 $\overline{AB}$ の傾きが平均速度 $\overline{v_i}$（$i=1,2,\cdots$）になっている．このようにして，Δt をしだいに短くして求めた $\overline{v_i}$ の値を図4・1(b) の縦軸に示す．この例では，図からわかる

1 自動車の位置から速度を求める

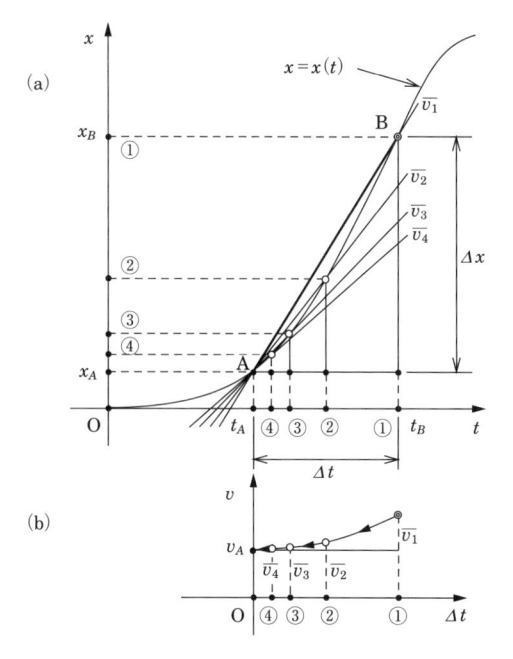

● 図 4・1 (a) 直線上を加速度運動をする自動車の
x–t 図と，(b) 瞬間速度 v の求め方 ●

ように，$\overline{v_i}$ の値は $\overline{v_1}$, $\overline{v_2}$, $\overline{v_3}$, $\overline{v_4}$, … というようにしだいに小さくなり，ある一定の値 v_A に近づいていく．Δt を短くとる操作を限りなく繰り返せば，$\Delta t \to 0$ の極限で，AB 間の平均速度 $\overline{v}$ は点 A での瞬間速度 v_A に一致する．点 A に限らずに，x 軸上の任意の点においてこの操作を行えば，その点における自動車の瞬間速度 v が求まる．この様子を以下のように書く．

$$v(t) = \lim_{\Delta t \to 0} \frac{\Delta x}{\Delta t} \equiv \frac{d\,x(t)}{d\,t} \tag{4・2}$$

ここで，$\lim_{\Delta t \to 0}$ は Δt を非常に小さくすること，すなわち，Δt の大きさを限りなく 0 に近づけることを意味している．上式 (4・2) は，x–t 図の時刻 t 〔s〕において，$x(t)$ に接する接線の傾きが，t 〔s〕における速さ $v(t)$ 〔m/s〕に等しいことを示している．数学的には「**$v(t)$ は $x(t)$ を t で微分したものに等しい**」というが，物理的には「**時刻 t における自動車の速度 $v(t)$ は，時刻 t における自動車の走る距離 $x(t)$ の <u>時間的な変化率</u> に等しい**」ことを示している．

【例題 1】 自動車の位置 $x(t)$〔m〕が時間 t〔s〕とともに $x(t)=t^2+x_0$ のように変化した場合，自動車の速度 $v(t)$〔m/s〕を与える式を求めよ．ただし，x_0 は $t=0$ における自動車の位置を表す定数である．式 (4・2) を参照せよ．

【解答例】 式 (4・2) より

$$v(t)=\lim_{\Delta t\to 0}\frac{\Delta x}{\Delta t}\equiv\frac{d\,x(t)}{d\,t}$$

であるので

$$v(t)=\frac{d}{d\,t}x(t)=\frac{d}{d\,t}(t^2+x_0)=\frac{d}{d\,t}(t^2)+\frac{d}{d\,t}x_0=2\,t+0=2\,t\ \text{〔m/s〕}$$

となる．

2 自動車の速度から加速度を求める

1 節で述べた方法によれば，任意の時刻 t〔s〕における自動車の位置 $x(t)$ から自動車の速度 $v(t)$〔m/s〕を求めることができる．したがって，自動車の速度 $v(t)$ が時間 t とともにどのように変化するかがわかる．図 4・2 に自動車の速度 $v(t)$ の時間変化の一例を示す．速度 $v(t)$ と時刻 t との関係を示す図 4・2(a) を **v–t 図**と呼ぶ．

自動車は，$t=t_A$〔s〕の時刻に速度 v_A〔m/s〕で点 A を通過した．その後，自動車は，時間とともにしだいに速度を増し，$t=t_B$〔s〕の時刻に速度 v_B〔m/s〕で点 B を通過した．この $\Delta t=t_B-t_A$〔s〕の間に自動車の速度は $\Delta v=v_B-v_A$〔m/s〕だけ増加したので，平均して 1 秒間当たり

$$\overline{a}=\frac{v_B-v_A}{t_B-t_A}=\frac{\Delta v}{\Delta t} \tag{4・3}$$

の割合で速度が増加したことになる．単位時間当たりの速度の変化分 $\overline{a}$ を**平均加速度**という．

図 4・2(a) に示すように，①，②，③，④，… と順次，Δt を小さくして $\overline{a_i}$ ($i=1,2,\cdots$) を求めていくと，この例では，図 4・2(b) に示すように，$\overline{a_i}$ の値は $\overline{a_1}$, $\overline{a_2}$, $\overline{a_3}$, $\overline{a_4}$, … というようにしだいに大きくなり，ある一定の値 a_A に近づいていく．この操作を限りなく繰り返せば，$\Delta t\to 0$ の極限で，$\overline{a}$ の値は点 A における瞬間加速度 a_A に一致する．この状況を次のように式で表すことができる．

2 自動車の速度から加速度を求める

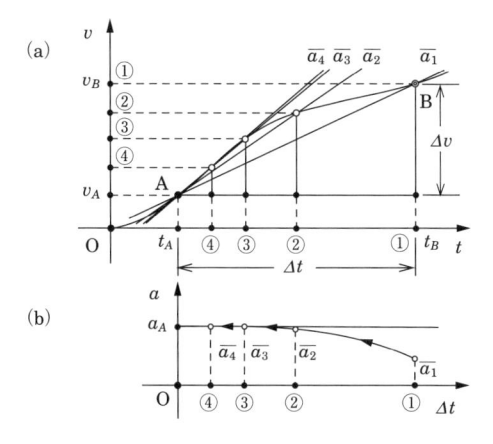

● 図 4・2 (a) 直線上を加速度運動をする自動車の v–t 図と (b) 瞬間加速度 a の求め方 ●

$$a(t) = \lim_{\Delta t \to 0} \frac{\Delta v}{\Delta t} \equiv \frac{d\,v(t)}{d\,t} = \frac{d^2 x(t)}{d\,t^2} \tag{4・4}$$

数学的にいえば，式 (4・4) は「$a(t)$ は $v(t)$ を t で微分したものに等しい」というが，物理的にいえば「**自動車の加速度 $a(t)$ は自動車の速度 $v(t)$ の時間的な変化率に等しい**」ということができる．

【例題 2】　自動車の速度 $v(t)$〔m〕が時間 t〔s〕とともに $v(t)=2t$ のように変化した場合，自動車の加速度 $a(t)$〔m/s^2〕を与える式を求めよ．式 (4・4) を参照せよ．

【解答例】　式 (4・4) より

$$a(t) = \lim_{\Delta t \to 0} \frac{\Delta v}{\Delta t} \equiv \frac{d\,v(t)}{dt}$$

であるので

$$a(t) = \frac{d}{dt} v(t) = \frac{d}{dt}(2t) = 2 \text{ m/s}^2$$

この例では，等加速度運動となる．

3 自動車の加速度から速度を求める

　ここまでは，自動車の走った距離 x [m] を測定し，x から自動車の速度 v [m/s] を求め，さらに，v から自動車の加速度 a [m/s^2] を求めるという手順の説明をした．ここでは逆に，自動車の加速度 $a(t)$ から自動車の速度 $v(t)$ を求める方法について考える．

　自動車の加速度 $a(t)$ が，**図 4·3** に示すように，時間 t とともに変化した場合，$t=t_N$ での自動車の速度 v を求めてみよう．自動車の加速度 a と時刻 t との関係を示す図 4·3 のような図を **a–t 図**と呼ぶことにする．まず，$t=t_0$ から $t=t_N$ までの時間を N 個の微小な時間間隔 Δt_i ($i=0,1,2,\cdots,N-1$) に分け，その i 番目の区間 Δt_i [s] における自動車の速度 v の変化分 Δv_i [m/s] を求める．Δt_i が短い時間間隔なら，その間の $a(t)$ はほぼ直線的に変化しているとみなせるので，$\overline{a_i} \approx (a_i+a_{i+1})/2$ と近似することができる．したがって，2 節の式 (4·3) を用いて

$$\Delta v_i = \overline{a_i}\Delta t_i \approx \frac{a_i+a_{i+1}}{2}\Delta t_i \tag{4·5}$$

と表すことができる．Δv_i は図 4·3 の灰色（アミがけ）の台形の部分の面積に相当する．このようにして，すべての区間における，自動車の速度の変化分 Δv_i ($i=0, 1, 2, \cdots, N-1$) を求めることができる．したがって，$t=t_0$ [s] から $t=t_N$ [s] までの間における自動車の速度 v の変化分 $\Delta v=v(t_N)-v(t_0)$ は

$$\Delta v = v(t_N)-v(t_0) \approx \Delta v_0 + \Delta v_1 + \cdots + \Delta v_i + \cdots + \Delta v_{N-1}$$

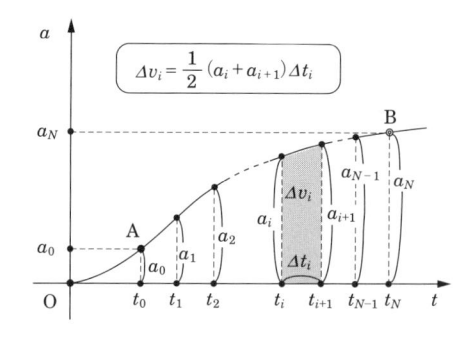

● 図 4·3　加速度を変化させながら直線運動をしている自動車の a–t 図から自動車の速度 v を求める ●

3 自動車の加速度から速度を求める

$$= \sum_{i=0}^{N-1} \Delta v_i = \sum_{i=0}^{N-1} \overline{a_i}\, \Delta t_i \qquad (4 \cdot 6)$$

として求められる．式 (4·6) の $\Delta v = v(t_N) - v(t_0)$ は，図 4·3 の a–t 図における，点 A と点 B を結ぶ $a(t)$ の曲線の下の N 個の台形の面積の総和に相当する．$t = t_i$ から $t = t_{i+1}$ の間に自動車の加速度 a は，実際には，時間的になめらかに変化しているので，式 (4·6) の中の，$\overline{a_i}$ を前もって計算するのは難しい．区間の数 N を無限に大きくして，Δt_i を無限に小さくすると（$\Delta t_i \to 0$ の極限），$\overline{a_i}$ は時刻 $t = t_i$ における $a_i = a(t)$ に一致する．$\Delta t_i \to 0$ の極限では，$\overline{a_i}$ の代わりに $a(t)$ を用いればよい．Δt_i を無限小にとる極限では

$$\Delta v = v(t_N) - v(t_0) = \lim_{\Delta t_i \to 0} \sum_{i=0}^{N-1} \overline{a_i}\, \Delta t_i \equiv \int_{t_0}^{t_N} a(t)\, dt \qquad (4 \cdot 7)$$

のように $\overline{a_i}\, \Delta t_i$ の足し算は $a(t)$ の時間積分になる．この式 (4·7) の時間積分を行うと，図 4·3 の点 A と点 B を結ぶ $a(t)$ の曲線より下で t 軸までの間の面積が求まる．a–t 図におけるこの面積が，自動車の速度の増加分 $\Delta v = v(t_N) - v(t_0)$ に対応する．

【例題 3】 a の時間積分による v の求め方の応用例

等加速度運動に式 (4·7) を応用して，速度を求めてみよう．

【解答例】 速度 $v = v_0$ 〔m/s〕で等速直線運動をしている自動車が，一定の加速度 $a = a_0$ 〔m/s^2〕で加速を始めたとしよう．加速を始めた時刻を $t = 0$ s とし，この時刻から t 〔s〕後の自動車の速度 $v(t)$ を求めてみよう．まず，加速による速度の増加分 $\Delta v = v(t) - v_0$ を求める．

$$\Delta v = v(t) - v_0 = \int_0^t a(t)\, dt = \int_0^t a_0\, dt = a_0 \int_0^t 1\, dt$$
$$= a_0 \left[\, t\, \right]_0^t = a_0 \left[\, t - 0\, \right] = a_0\, t \qquad (4 \cdot 8)$$

自動車は，時刻 $t = 0$ s で，すでに，速度 v_0 〔m/s〕で動いていた．自動車は速度 v_0 の状態から，t 〔s〕間で $\Delta v = v(t) - v_0 = a_0\, t$ 〔m/s〕だけ加速して速くなったので，$t = t$ 〔s〕における自動車の速度 $v(t)$ 〔m/s〕は次式で表される．

$$v(t) = v_0 + a_0\, t \qquad (4 \cdot 9)$$

4 自動車の速度から位置を求める

自動車の走る速度が時間とともに変化するとき，もし時々刻々と変わる速度 $v(t)$ $[\mathrm{m/s}]$ がわかれば，次のようにして自動車の位置 $x(t)$ $[\mathrm{m}]$ の時間変化を求めることができる．

自動車の速度 $v(t)$ が，図 4・4 の **v–t 図**のように，時間 t とともに変化した場合，$t=t_0$ $[\mathrm{s}]$ から $t=t_N$ $[\mathrm{s}]$ までの間に自動車の走った距離 $\Delta x = x(t_N) - x(t_0)$ を求めてみよう．

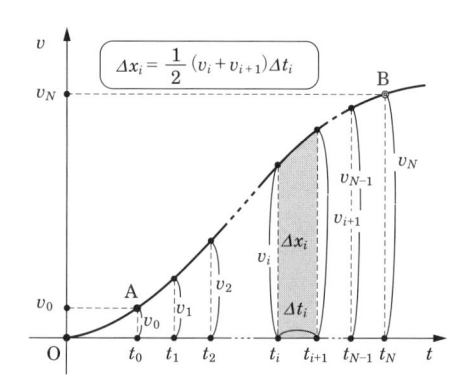

● 図 4・4 速度の変化する直線運動をしている自動車の v–t 図から走った距離 x を求める ●

まず，$t=t_0$ から $t=t_N$ までの時間を N 個の微小な時間間隔 $\Delta t_i (i=0,1,\cdots,N-1)$ に分け，その i 番目の区間 Δt_i $[\mathrm{s}]$ で，自動車の走った距離 Δx_i $[\mathrm{m}]$ を求める．Δt_i の間の自動車の平均速度を $\overline{v_i}$ とすると，Δt_i が短い時間間隔なら，その間の $v(t)$ はほぼ直線的に変化しているとみなせるので，$\overline{v_i} \approx (v_i + v_{i+1})/2$ と近似することができる．したがって，1 節の式 (4・1) を用いて

$$\Delta x_i = \overline{v_i}\, \Delta t_i \approx \frac{v_i + v_{i+1}}{2} \Delta t_i \tag{4・10}$$

と表すことができる．式 (4・10) は，Δt_i $[\mathrm{s}]$ 間に自動車の走った距離 Δx_i が図 4・4 中の灰色（アミがけ）の台形の面積に等しいことを示している．すべての区間でこのようにして，自動車の走った距離を求めることができる．したがって，全体として，$t=t_0$ から $t=t_N$ までに自動車の走った距離 $\Delta x = x(t_N) - x(t_0)$ は

$$\Delta x = x(t_N) - x(t_0) \approx \Delta x_0 + \Delta x_1 + \cdots + \Delta x_i + \cdots + \Delta x_{N-1}$$
$$= \sum_{i=0}^{N-1} \Delta x_i = \sum_{i=0}^{N-1} \overline{v_i}\, \Delta t_i \tag{4・11}$$

として求められる．式 (4・11) は，自動車の走った距離 Δx が図 4・4 の v–t 図における，点 A と点 B を結ぶ $v(t)$ の曲線の下の N 個の台形の面積の総和に相当することを示している．

$t=t_i$ から $t=t_{i+1}$ の間に自動車の速度 v は，実際には，時間的になめらかに変化しているので，式 (4・10) の中の，$\overline{v_i}$ を前もって計算するのは難しい．そこで，区間の数 N を無限に大きくして，Δt_i を無限に小さくすると（$\Delta t_i \to 0$ の極限），$\overline{v_i}$ は時刻 $t=t_i$ における $v_i=v(t)$ に一致するので，$\Delta t_i \to 0$ の極限では，$\overline{v_i}$ の代わりに $v(t)$ を用いればよいことになる．Δt_i を無限小にとる極限では

$$\Delta x = x(t_N) - x(t_0) = \lim_{\Delta t_i \to 0} \sum_{i=0}^{N-1} \overline{v_i}\, \Delta t_i \equiv \int_{t_0}^{t_N} v(t)\, dt \tag{4・12}$$

のように $\overline{v_i}\,\Delta t_i$ の i についての足し算は $v(t)$ の時間積分になる．この式 (4・12) の時間積分を行うと，図 4・4 の点 A と点 B を結ぶ $v(t)$ の曲線より下で t 軸までの間の面積が求まる．v–t 図におけるこの面積が，自動車の走った距離 $\Delta x = x(t_N) - x(t_0)$ に対応する．

【例題 4】 v の時間積分による x の求め方の応用例

等加速度運動に式 (4・12) を応用して，速度 $v(t)$ 〔m/s〕から距離 $x(t)$ 〔m〕を導出してみよう．

【解答例】 速度 $v=v_0$ 〔m/s〕で等速直線運動をしている自動車が，時刻 $t=0$ s で，$x=x_0$ 〔m〕の地点から一定の加速度 $a=a_0$ 〔m/s^2〕で加速を始めた場合，$t=t$ 〔s〕における自動車の位置 $x(t)$ を求めてみよう．

まず，加速している間の走行距離の増加分 $\Delta x = x(t) - x(0)$ を求める．等加速度で加速を開始してから t 〔s〕後の速度 $v(t)$ は式 (4・9) で求めたように

$$v(t) = v_0 + a_0\, t$$

であるので，式 (4・9) と式 (4・12) を用いて，時刻 $t=0$ s から t 〔s〕の間に自動車が走った距離 $\Delta x = x(t) - x(0)$ 〔m〕は

$$\Delta x = x(t) - x(0) = \int_0^t v(t)\, dt = \int_0^t (v_0 + a_0\, t)\, dt$$

$$= \int_0^t v_0\, dt + \int_0^t a_0\, t\, dt$$

$$= v_0 \int_0^t 1\, dt + a_0 \int_0^t t\, dt = v_0 \bigl[\, t\, \bigr]_0^t + a_0 \left[\frac{1}{2} t^2\right]_0^t$$

$$= v_0\, t + \frac{1}{2} a_0\, t^2 \tag{4・13}$$

となる.時刻 $t=0$〔s〕における自動車の位置は $x(0)=x_0$〔m〕であり,自動車はその後 t〔s〕間で位置 x_0 から $\Delta x = x(t)-x_0 = v_0\,t + (1/2) a_0\, t^2$ だけ走ったので,時刻 $t=t$〔s〕における自動車の位置 $x(t)$〔m〕は次式で表される.

$$x(t) = x_0 + v_0\, t + \frac{1}{2} a_0\, t^2 \tag{4・14}$$

まとめ

・**物体の位置ベクトル x から速度 v,加速度 a を求める.**

物体の速度 v は物体の位置 x の時間的な変化率に等しい.

物体の加速度 a は物体の速度 v の時間的な変化率に等しい.

平均速度:$\overline{v} = \dfrac{\Delta x}{\Delta t}$, 瞬間速度:$v(t) = \lim\limits_{\Delta t \to 0} \dfrac{\Delta x}{\Delta t} \equiv \dfrac{d\,x(t)}{dt}$

平均加速度:$\overline{a} = \dfrac{\Delta v}{\Delta t}$, 瞬間加速度:$a(t) = \lim\limits_{\Delta t \to 0} \dfrac{\Delta v}{\Delta t} \equiv \dfrac{d\,v(t)}{dt}$

・**物体の加速度 a から速度 v を求め,速度 v から位置 x を求める.**

$$v_N \approx v_0 + \sum_{i=0}^{N-1} \overline{a_i}\, \Delta t_i, \quad v(t) = v_0 + \lim_{\Delta t_i \to 0} \sum_{i=0}^{N-1} \overline{a_i}\, \Delta t_i \equiv v(0) + \int_0^t a(t)\, dt$$

$$x_N \approx x_0 + \sum_{i=0}^{N-1} \overline{v_i}\, \Delta t_i, \quad x(t) = x_0 + \lim_{\Delta t_i \to 0} \sum_{i=0}^{N-1} \overline{v_i}\, \Delta t_i \equiv x(0) + \int_0^t v(t)\, dt$$

等加速度運動($a=a(0)=a_0, v(0)=v_0, x(0)=x_0$)の場合

$$v(t) = v_0 + \int_0^t a_0\, dt = v_0 + a_0\, t$$

$$x(t) = x_0 + \int_0^t (v_0 + a_0 t)\, dt = x_0 + v_0\, t + \frac{1}{2} a_0 t^2$$

演習問題

問1 物体の位置 $x(t)$ が時間 t とともに
$$x(t) = A\cos\omega t, \quad A = 一定, \quad \omega = 一定$$
のように変化するとき，物体の速度 $v(t)$ を求めよ．ただし，$x(t)$, $v(t)$ は符号が正の場合，x 軸の正の向きを向くとする．

問2 物体の速度 $v(t)$ が時間 t とともに
$$v(t) = -A\omega\sin\omega t, \quad A = 一定, \quad \omega = 一定$$
のように変化するとき，物体の加速度 $a(t)$ を求めよ．ただし，$x(t)$, $v(t)$, $a(t)$ は符号が正の場合，x 軸の正の向きを向くとする．

問3 物体の速度 v が，図 4·5 のように，時間 t とともに変化した．$t = 0$ s から $t = 10$ s の間に物体が移動する距離はいくらか．

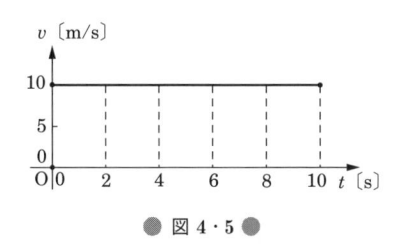

● 図 4·5 ●

問4 最初 $t = 0$ s で静止していた物体の速度 v が，図 4·6 のように，時間 t とともに変化した．$t = 10$ s における物体の位置 x，加速度 a，速度 v を求めよ．

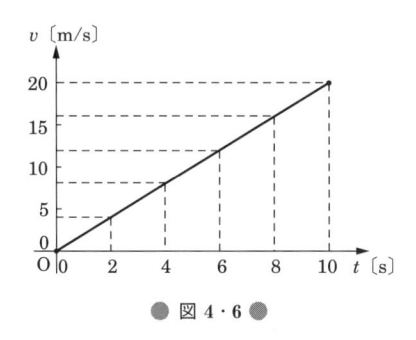

● 図 4·6 ●

問5 速度 $v = 20$ m/s で等速直線運動をしていた自動車が，ある時刻に減速を開始し，その5s後に停止した．この自動車の減速の割合が時間的に一定であるとすると，この自動車の加速度と，減速を始めてから停止するまでに走った距離を求めよ．

5章

重力加速度のある中での物体の自由落下運動

本章では，4章で学んだ等加速度運動の具体的な応用例として，重力加速度がはたらく場合の物体の運動を調べる．重力加速度の大きさは地球内部の構造や地球の自転あるいは太陽や月の影響で測定場所によって異なる値を与え，地表から上空に高くなればなるほど小さくなる．しかし，本章では地表近くでの物体の運動を扱うことを前提に，一定の重力加速度を仮定して物体の運動を調べる．物体の落下運動では，実際には物体の大きさによる空気抵抗を受けるが，ここでは，物体には大きさがないものとして（質量をもつが大きさをもたない点状の仮想的物体を**質点**という）議論を進める．自由落下運動は地面から一定の高さに静止している物体が落下するという狭い意味だけではなく，物体を上方に投げた場合や，地面から一定の高さから地面に向けて投げ下ろす場合の運動など広い意味をもっており，本章では，広い意味での自由落下運動が理解できるよう学習する．

1 自由落下運動

地面の上方で物体を放すと物体は重力により真下に落ちる（**図 5·1**）．重力による物体の落下運動を**自由落下運動**という．地表近辺では，物体は地球の引力により地球中心に向かう大きさ約 $9.8\,\mathrm{m/s^2}$ の加速度で落下する．この加速度を**重力加速度**といい，その大きさを g で表す．重力加速度の大きさ g が一定（$g=9.8\,\mathrm{m/s^2}$）とみなせる領域内では，物体の落下運動を地面に鉛直な直線に沿った一次元の等加速度運動として扱うことができる．水平な地面から鉛直上向きを y 軸の正の向きとし，$y=y_0$ 〔m〕の高さで，時刻 $t=t_0$ 〔s〕に物体を手放したとする．手放してから時間 t 〔s〕後の物体の速度 v 〔m/s〕と位置 y 〔m〕は，4章で扱った一次元の等加速度運動で導出した式 (4·9)，(4·14) の加速度 a を，向きも含めた重力加速度 $-g$ で置き換えることで次のように書くことができる．

$$v=v_0-gt \tag{5·1}$$

$$y-y_0=v_0 t-\frac{1}{2}gt^2 \tag{5·2}$$

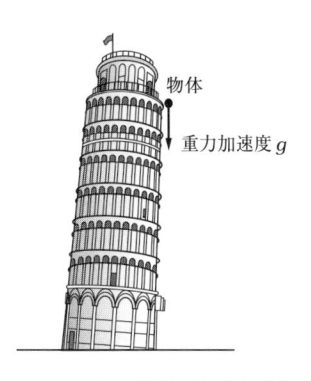

● 図 5・1　ピサの斜塔から物体を落とす ●

式 (5・1) から t を求め，式 (5・2) に代入すると，y と v の関係が次のように得られる．

$$v^2 = v_0^2 - 2g(y - y_0) \tag{5・3}$$

〔1〕 **地面上方 $y = y_0$ 〔m〕で物体を放した場合** ■■■

物体を地面上方 $y = y_0$ 〔m〕で，時刻 $t = 0$ s に静かに放したとすると，落下する物体の t 〔s〕後の速度 v 〔m/s〕は，式 (5・1) の初速度 v_0 〔m/s〕に $v_0 = 0$ を代入して

$$v = -gt \tag{5・4}$$

となる．t 〔s〕後の物体の位置 y 〔m〕は式 (5・2) に $v_0 = 0$ を代入して

$$y = y_0 - \frac{1}{2}gt^2 \tag{5・5}$$

となる．地面 ($y = 0$) に落下するまでの時間 t は，式 (5・5) で $y = 0$ と置くことで求まり

$$t = \sqrt{\frac{2y_0}{g}} \tag{5・6}$$

となる．地面に衝突する直前の速度を $v(y=0)$ と表せば，$v(y=0)$ は式 (5・3) に $v_0 = 0$ および y 座標 $y = 0$ を代入することで

$$v(y=0) = -\sqrt{2gy_0} \tag{5・7}$$

と求まる．負の符号は速度の向きが y 軸の負の向き（下向き）を意味している．$v(y=0)$ は次のようにして求めることもできる．すなわち，式 (5・2) を使い，物体が地面 ($y=0$) まで落下するに要する時間 t を求め，その時間 t を式 (5・1) に代入

5章 重力加速度のある中での物体の自由落下運動

すればよい．結果は式 (5·7) と同じとなる．**図 5·2** に初速度のない場合（$v_0=0$）の物体の自由落下の図 (a) 速度–時間の関係（v–t 図），図 (b) 落下距離–時間の関係（y–t 図）を示す．

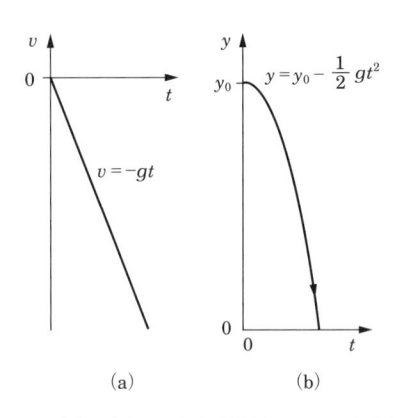

● 図 5·2 (a) 高さ y_0 から物体が $v_0=0$ で自由落下するときの速度–時間図，(b) 落下距離–時間図 ●

【例題 1】 図 5·3 のように，地面から鉛直上方 50 m の点から，物体を落とした．地面に衝突するまでの時間と衝突直前の速度の大きさを求めよ．ただし，空気抵抗はないものとする．

【解答例】 地面からの高さが 50 m なので，式 (5·6) で $y_0=50$ m とする．t は $\sqrt{2\cdot 50/9.8}$ を計算して，$t\approx 3.19$ s となる．速度の大きさ（速さ）は，式 (5·4) あるいは (5·7) で計算できる．式 (5·7) を使えば，$v=-\sqrt{2\cdot 9.8\times 50}\approx -31.3$ m/s となるので，その大きさは $|v|=31.3$ m/s．

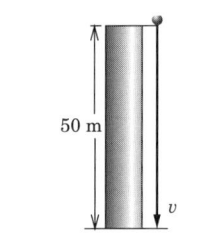

● 図 5·3 高さ 50 m から物体が $v_0=0$ m/s で自由落下する ●

1 自由落下運動

〔2〕 $y=y_0$ から物体を真上（y 軸正の向き）に初速度 v_0 で放り上げる場合 ■■■

図 5·4 のように，物体を時刻 $t=0$ s に $y=y_0$ の点から鉛直上方に初速度 v_0 で放り上げたとする．地球の重力加速度は y 軸負の向き（下向き）のため，物体は初速度 v_0 で上向きに走り始めるが，徐々に速度が小さくなり，いったん速度は 0 m/s となる．その後，速度の向きを下向きに変えて落下し始める．速度が 0 m/s となったところが物体の達する最高点である．下向きの速度は最高点を過ぎた後，時間とともに大きくなる．この速度と時間の関係は

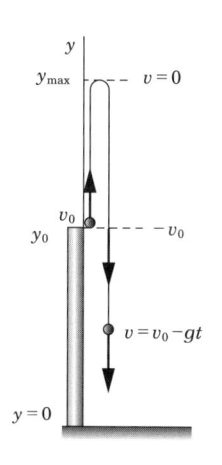

● 図 5·4 高さ y_0 から鉛直上方に初速度の大きさ v_0 で物体を放り出した場合の様子を示す ●

$$v = v_0 - gt \tag{5·8}$$

と書くことができる．質点が最高点に達するまでの時間を t_max と書くと，t_max は**速度がいったん 0 m/s になり，静止したという条件**から，式 (5·8) で $v=0$ m/s とすることで

$$t_\text{max} = \frac{v_0}{g} \tag{5·9}$$

と求まる．放り上げた後の時刻 t での質点の位置 y は，式 (5·2) より

$$y = y_0 + v_0 t - \frac{1}{2} g t^2 \tag{5·10}$$

と表される．地面 $y=0$ m から測った物体の最高点を y_max とすると，y_max は式 (5·10) の t に t_max を代入することで求まり

$$y_\text{max} = y_0 + \frac{v_0^2}{2g} \tag{5·11}$$

となる．放り上げた位置 $y=y_0$ から測れば，最高点までの距離は

$$y = \frac{v_0^2}{2g} \tag{5·12}$$

である．時刻 $t=0$ s に $y=y_0$ から初速度 v_0 で真上に放り上げられた物体が落下してきて $y=y_0$ に戻るまでの時間は，式 (5·10) の y に y_0 を代入した式

$$0 = v_0 t - \frac{1}{2} g t^2 \qquad (5 \cdot 13)$$

を整理して

$$\left(v_0 - \frac{1}{2} g t \right) t = 0 \qquad (5 \cdot 14)$$

から求まる．

式 (5·14) の解の一つ，$t=0$ s は放り上げた時刻に対応し，もう一つの解

$$t = \frac{2 v_0}{g} \qquad (5 \cdot 15)$$

が戻ってきた時刻に対応する．y_0 から放り上げ，再び y_0 に戻ってくるまでの時間 t は，物体が最高点に到達するまでの時間の 2 倍となっていることに注意しよう．$y=y_0$ に戻った瞬間の速度は，式 (5·8) に $t=2v_0/g$ を代入して，$v=-v_0$ となる．$y=y_0$ から上向きに放り上げられた物体が，$y=y_0$ に戻ったとき，その速度の大きさは初速度 v_0 と同じで，向きは v_0 と逆向きの鉛直下向きとなっている．

時刻 $t=0$ s に $y=y_0$ の点から鉛直上向きに初速度 v_0 で放り上げられた物体が地面 $y=0$ m に落下するするまでの時間は，式 (5·10) の y に $y=0$ m を代入し

$$0 = y_0 + v_0 t - \frac{1}{2} g t^2 \qquad (5 \cdot 16)$$

を解いて求まる．式 (5·16) の解は

$$t = \frac{v_0}{g} \pm \sqrt{\frac{v_0^2}{g^2} + \frac{2 y_0}{g}} \qquad (5 \cdot 17)$$

となる．根号の前の符号は，時間 t が正の値をとらなければならないことから

$$t = \frac{v_0}{g} + \sqrt{\frac{v_0^2}{g^2} + \frac{2 y_0}{g}} \qquad (5 \cdot 18)$$

が解となる．

物体を放り上げる位置が地面のときは，$y_0=0$ とすればよい．そうすると，式 (5·18) がすでに求めた式 (5·15) と同じとなることがわかる．これらの関係を図 5·4 に示した．

【例題 2】 地面からの高さ 100 m のビルの屋上からボールをビルの外壁に沿って初速度 10 m/s で真上に投げ上げた．ボールは最高点に達すると，ビルの壁に沿って地面に落下した．

(1) 最高点に達するまでの時間を求めよ．
(2) ボールが達した最高点の高さは地上から何 m か．
(3) 地面に達するまでの時間を求めよ．
(4) 地面に衝突する直前の速度の大きさを求めよ．
ただし，空気抵抗はないものとする．

【解答例】 (1) 最高点に達するまでの時間は，式 (5・9) から $t_{max} = 10/9.8 \approx 1.02$ s.

(2) ボールが達した最高点は式 (5・11) から，$y_{max} = 100 + 10^2/(2 \times 9.8) \approx 105.1$ m.

(3) 式 (5・18) に，$v_0 = 10$ m/s, $y_0 = 100$ m/s を代入して

$$t = \frac{10}{9.8} + \sqrt{\frac{10^2}{9.8^2} + \frac{2 \times 100}{9.8}}$$
$$= 1.02 + \sqrt{1.0412 + 20.4082} \approx 5.65 \text{ s}$$

(4) ビルの屋上を $y=0$ ととる．ボールが落下してきてビルを通り過ぎるときの速度の大きさは $v=10$ m/s で，向きは鉛直下向きである．これを初速度 v_0 とし，地面に衝突直前の速度の大きさを v とすると，式 (5・3) から，$v^2 = (-10)^2 - 2 \times 9.8 \times (0 - 100) = 100 + 1\,960 = 2\,060$.

したがって，$v \approx 45.4$ m/s.

2 $y = y_0$ から物体を水平な床面に平行に初速度 v_0 で放り投げる場合

図 5・5 のように，床面に沿って x 軸をとり，x 軸に対して鉛直上向きに y 軸をとる．x 軸と y 軸の交点を原点 O とする．x 軸については，右の方向を正の向きとし，y 軸については，上向きを正ととる．いま，物体を，$y = y_0$ の高さから x 軸の正の向きに初速度 v_0 で放り投げたとする．物体は y 軸方向の初速度成分をもたないため，y 軸方向の運動は，$y = y_0$ からの自由落下と同じとなる．したがって，地面に落下するまでの時間 t [s] は式 (5・6) から，$t = \sqrt{2y_0/g}$ となる．x 軸上の落下点を Q とすると，原点から Q までの距離 $x = l$ [m] は，物体が x 軸上の正の方向へ等速運動をしていることから，初速度 v_0 と地面に落下するまでの時間との積で

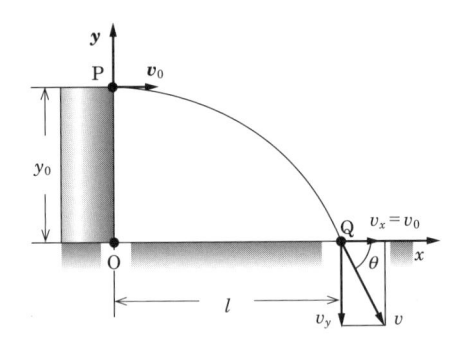

5章　重力加速度のある中での物体の自由落下運動

● 図 5・5　高さ y_0 から水平に初速度 v_0 で物体を放り出した場合の様子 ●

$$l = v_0 \times \sqrt{\frac{2y_0}{g}} \quad (5 \cdot 19)$$

と求まる.

　落下直前の速度の大きさ v [m/s] は，物体の速度の x 軸成分 v_x [m/s] と y 軸成分 v_y から求まる．v_x は $v_x = v_0$，v_y は $v_y = g\sqrt{2y_0/g}$ で与えられるので，点 Q に落下直前の速度の大きさ v は

$$v = \sqrt{v_0^2 + 2gy_0} \quad (5 \cdot 20)$$

となる．また，地面に落下直前の速度の向きを図 5・5 のように x 軸と速度ベクトルの間の角度 θ とすると，θ は次式で求まる.

$$\theta = \tan^{-1} \frac{v_y}{v_x} \quad (5 \cdot 21)$$

3　自然落下運動の解析的取扱い

　高さ $y = y_0$ の点から，初速度 $v = v_0$ で鉛直上向きに投げ上げた物体に対する自由落下運動の式 (5・10) は微分方程式を解くことで導くことができる．地面に対し鉛直上向きに y 軸の正の向きをとるとすると，重力加速度 g がある場合の物体の落下運動は，式 (4・4) の加速度は変位を時間で 2 階微分したもの，ということを使えば

$$\frac{d^2 x}{dt^2} = -g \quad (5 \cdot 22)$$

と書くことができる．両辺を時間 t で積分すると

$$\int \left(\frac{d^2y}{dt^2}\right)dt = v = -gt + c_0 \qquad (5 \cdot 23)$$

となる．式 (5·23) では変位の時間に関する 1 階微分は速度を表す ($dy/dt=v$) という性質を使っている．式 (5·23) に時刻 $t=0$ s で速度 v 〔m/s〕は $v=v_0$ である，という条件（これを運動の**初期条件**という）を使うと，$c_0=v_0$ を得る．式 (5·23) を書き換えると

$$\frac{dy}{dt} = v = -gt + v_0 \qquad (5 \cdot 24)$$

となる．式 (5·22) を再度，時間 t で積分すると，放り上げた時刻 $t=0$ s から時間 t 〔s〕だけ経った後の物体の高さ y 〔m〕を求めることができる．両辺を t で積分して

$$y = \int(-gt + v_0)dt = -\frac{1}{2}gt^2 + v_0 t + c_1 \qquad (5 \cdot 25)$$

が得られる．ここで，再び初期条件，$t=0$ s で $y=y_0$ 〔m〕を式 (5·25) に代入することで，$c_1=y_0$ となり

$$y = -\frac{1}{2}gt^2 + v_0 t + y_0 \qquad (5 \cdot 26)$$

を得る．式 (5·26) は式 (5·10) と同じ式となっていることがわかる．

4 地面から上向きに角度 θ 〔rad〕で発射された物体の運動

　水平な地面に沿って x 軸をとり右向きを正とする．x 軸に鉛直上向きを y 軸の正の向きとし，x 軸と y 軸の交点を原点 O とする．物体を質点とみなし，質点が原点から初速度 $\boldsymbol{v}_0$ で x 軸から上向きに角度 θ で発射されたとする．発射時刻を $t=0$ s とし，発射後 $t=t$〔s〕での質点の速度，位置を求める．そのため，質点の運動を x 軸，y 軸に沿う運動に分解して考える．初速度 $\boldsymbol{v}_0$ で x 軸から上方に角度 θ で発射された質点は，初速度の x 軸成分 $v_{0x}=v_0\cos\theta$，y 軸成分 $v_{0y}=v_0\sin\theta$ をもつ．発射後 t〔s〕経ったときの速度の x 軸および y 軸成分を，それぞれ v_x，v_y で表すと

$$v_x = v_0 \cos\theta \qquad (5 \cdot 27)$$

$$v_y = v_0 \sin\theta - gt \qquad (5 \cdot 28)$$

となる．発射後 t〔s〕経ったときの質点の位置は，x 軸方向には等速運動，y 軸

5章 重力加速度のある中での物体の自由落下運動

方向には初速度をもつ自由落下運動と考えられるので次式となる.

$$x = (v_0 \cos \theta) t \tag{5・29}$$

$$y = (v_0 \sin \theta) t - \frac{1}{2} g t^2 \tag{5・30}$$

質点が最高点に到達する時刻 $t_{\max}$ [s] は速度の y 軸成分,すなわち,式 (5・28) の v_y が 0 [m/s] となる条件から

$$t_{\max} = \frac{v_0 \sin \theta}{g} \tag{5・31}$$

と求まる.最高点の高さ $y_{\max}$ [m] は,式 (5・30) に (5・31) で求めた $t_{\max}$ を代入して

$$\begin{aligned} y_{\max} &= (v_0 \sin \theta) \frac{v_0 \sin \theta}{g} - \frac{1}{2} g \left(\frac{v_0 \sin \theta}{g} \right)^2 \\ &= \frac{v_0^2 \sin^2 \theta}{2g} \end{aligned} \tag{5・32}$$

と求まる.

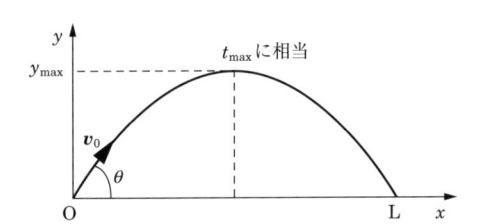

● 図 5・6 初速度の大きさ v_0 で地上 θ の角度で物体を発射した場合の様子を示す ●

質点が最高点を過ぎて落下しはじめ,再び地面 ($y=0$) に戻るまでの時間を t_R [s] とすると,t_R は式 (5・2) を求めたと同じように式 (5・30) で $y=0$ [m] とした式

$$0 = (v_0 \sin \theta) t - \frac{1}{2} g t^2 \tag{5・33}$$

を t について解いて得られる.解には,$t=0$ と $t = 2 v_0 \sin \theta / g$ の二つがあるが,前者は発射時刻に対応し,後者が再び地面に戻ってくるまでの時間 t_R に対応する.t_R は質点が最高点に至るまでの時間(式 (5・31))の 2 倍に相当している.

質点が落下する x 軸上の点を $x=L$ 〔m〕とする．質点の飛行距離 L は，質点がいったん最高点まで上がり，再び地面に落下するまでの間 x 軸の正の向きに $v_x = v_0 \cos\theta$ で飛び続けていることから

$$L = (v_0 \cos\theta) \frac{2v_0 \sin\theta}{g} = \frac{2v_0^2 \sin\theta \cos\theta}{g}$$

$$= \frac{v_0^2 \sin 2\theta}{g} \tag{5・34}$$

となる．L を最大にする（最も遠くまで飛ばす）ための発射角は，$\sin 2\theta$ を最大にする条件から $\theta = (\pi/4)$ 〔rad〕と得られる．

【例題3】 監督が地上 1 m の高さで，初速度 30 m/s で上向きの角度 60° にフライを打ち上げ，外野手が地上 1 m でこのボールを捕球した．
(1) 外野手は監督から何 m 離れたところで捕球したか．
(2) ボールは地上から高さ何 m まで上がったか．
(3) ボールの滞空時間はどれだけか．
(4) もし，角度 45° に同じ初速度で打ち上げたら，外野手は監督から何 m 離れたところで捕球するか．

【解答例】 (1) 式 (5・34) に $v_0 = 50$ m/s，$\theta = 60°$ を代入すれば，$L = 30^2 \sin(2\pi/3)/9.8 \approx 79.5$ m．
(2) 式 (5・32) より，$y_{\max} = 30^2 \sin^2(\pi/3)/(2\times 9.8) \approx 34.4$ m．ボールを打ち上げた高さが地上 1 m だから，最高点は，地上 35.4 m．
(3) 最高点まで上がって落下し，捕球されるまでの時間は，式 (5・31) の 2 倍となる．したがって，$2t_{\max} = 30 \sin(\pi/3)/9.8 \approx 5.30$ s．
(4) 式 (5・34) の角度に $\theta = \pi/4$ 〔rad〕を代入し，$R = 30^2/9.8 \approx 91.8$ m．

ま と め

以下のまとめでは，重力加速度 g が一定，空気抵抗がないことを前提にしている．
・初速度 v_0 で地面から真上に放り上げる場合
  ○ 物体は $v = 0$ となったとき最高点に達し，そこに達するまでの時間は $t = v_0/g$ となる．
  ○ 最高点の高さ $y_{\max} = v_0^2/(2g)$ となる．

5章 重力加速度のある中での物体の自由落下運動

- ○ 地面に戻るまでの時間 t は $t=2v_0/g$，地面に当たる直前の速度の大きさは v_0 で，向きは鉛直下向きである．
- 初速度 v_0 で $y=y_0$ から水平に放り投げる場合
  - ○ 水平方向には $v=v_0$ の等速運動を，地面に鉛直方向には自由落下運動を行う．地上に落下するまでの時間 $t=\sqrt{2y_0/g}$，地面に当たる直前の速度の大きさ $v=\sqrt{v_0^2+2gy_0}$ である．
  - ○ 放り投げた点から落下点までの距離 $l=\sqrt{2y_0/g}$ となる．
- 地上から $v=v_0$ で上方に向けて角度 θ で発射する場合
  - ○ 物体は発射後 $t=v_0\sin\theta/g$ に最高点 $y_{\max}=v_0^2/(2g)$ に達し，$t=2v_0\sin\theta/g$ 後に発射点から $L=v_0^2\sin 2\theta/g$ の地点に落下する．
  - ○ 最も遠くに飛ばすには発射角 $\theta=(\pi/4)$〔rad〕$(=45°)$ に発射すればよい．

演習問題

問1 (1)-(a) 高さ 100 m のビルの屋上から落下する物体は何秒後に地上に落下するか．

(1)-(b) 地面に当たる直前の速度の大きさはどれだけか．

(2)-(a) 高さ 900 m のビルの屋上から落下する物体は何秒後に地上に落下するか．

(2)-(b) 地面に当たる直前の速度の大きさはどれだけか．

(3) 落下時間の比はビルの高さの比とどんな関係にあるか．

(4) 地面に当たる直前の速度の比はビルの高さの比とどんな関係にあるか．ただし，$g=9.8\,\mathrm{m/s^2}$ とする．

問2 地上から真上に投げ上げたボールが 6 秒後に地上に落下した．

(1) 初速度の大きさ v_0 を求めよ．

(2) ボールの最高点を求めよ．

問3 (1) 二人のホームランバッターのうちの一人が初速度 $v_0=35\,\mathrm{m/s}$ の弾丸ライナーを地面から上方の角度 35° に放った．もう一人は同じ初速度で角度 55° にフライを打ち上げた．どちらが遠くに飛ぶか．

(2) 角度 45° にフライを打ち上げた場合，どこまで飛ぶか．

問4 地面からの発射角 θ〔rad〕を $\theta=(\pi/4)\pm\alpha$ のように，$(\pi/4)$〔rad〕の前後に同じ角度 α だけずらして発射した場合，到達距離 L はどうなるか．

6 章

物体にはたらく力とニュートンの運動の法則

　本章において，まず，力が大きさと向きをもつ物理量ベクトルであることを学ぶ．次に，ニュートンの運動の三法則を学習する．運動の第一法則（慣性の法則）と質量の意味を学び，質量と重量の違いを理解する．運動の第二法則で「力と質量および加速度」の関係が「運動方程式」で表され，物体の受ける力と加速度の関係について学ぶ．力の単位「ニュートン（N）」が定義される．さらに，二次元の平面内での物体の運動の扱い方を学ぶ．終わりに運動の第三法則（作用・反作用の法則）を具体例で学ぶ．

1　物体にはたらく力

　運動している物体の位置，速度，エネルギーなどの量を変えたり，物体の形そのものを変える原因を**力**という．力には，物を押したり引っ張ったりするような力もあれば，電気や磁石の場合のように離れていてもはたらく力もある．力は典型的なベクトルの性質をもつ物理量で，図で表すときは物体に作用する点に矢印を書いて力の向きを示し，矢印の長さで力の大きさを表す．力の記号を F で表す．

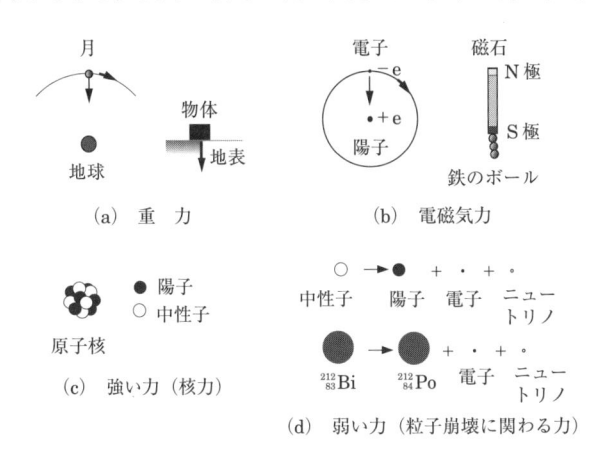

● 図 6・1　四つの力の例
　　(a) 重力（地球の引力），(b) 電磁気力（電気力で水素原子ができている例，および，磁石が鉄を引きつける例），(c) 核力（原子核内に陽子と中性子を閉じ込めている力），(d) 弱い力（中性子や原子核がベータ崩壊をするときの力）●

6章　物体にはたらく力とニュートンの運動の法則

自然の中には図6・1のような性質の異なった四つの力が存在していることが知られている．

すなわち，物体の質量に関わる力：**重力**，電荷・磁荷（あるいは磁石）に関わる力：**電磁気力**，原子核をつくっている力：**強い力**（核力ともいう），原子核や素粒子の崩壊などに関わる力：**弱い力**，である．力の性質を知るための良い例は，地球の引力やばねの力などである．ここでは，ばねを例にとって力の性質を見てみる．図6・2のように，なめらかな床の上に一端Aを壁につないだばねがある．ばねのもう一方の端をBとし，床面に沿ってx軸をとり，AからBの向きをxの正の向きとする．力を加えないときのばねの長さを自然長といい，点Bの位置をx軸の原点$x=0$とする．ばねの端Bを床面に沿ってx軸の正の向きに力Fで引っ張る．ばねの端Bは，受けた力に比例して$x=0$から$x=l$まで伸びる．大きさFの力を受けて伸びたばねには自然長に戻ろうとする大きさFの力がx軸の負の向きに発生する．また，Bに力を加えて自然長よりも短く縮めた場合には，自然長に戻ろうとする力がx軸の正の向きに発生する．このような，ばねの長さをもとに戻そうとする力をばねの**復元力**という．ばねが伸びたり（縮んだり）する向きとばねがもとの長さに戻ろうとする復元力の向きはいつも逆向きになる．このFとxの向きの関係を負号に含ませ，与えた力とばねが伸びた距離の関係を次式で表す．

$$F = -kx \tag{6・1}$$

この関係式を**フックの法則**といい，kをばね定数という．kはばねの強さを表している．

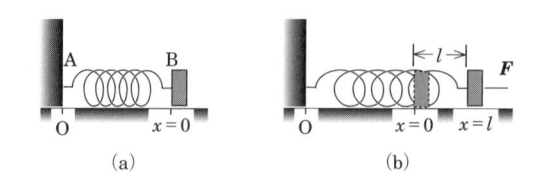

● 図6・2　(a) ばねの一端Aを壁に固定し，他端Bに質量の無視できる板を取り付ける．Bの位置を$x=0$とする．(b) このばねを力の大きさFで引き伸ばすと長さlだけ伸びる ●

1 物体にはたらく力

　ばねの一端 A を天井に固定し他端 B に物体をぶら下げると，物体にはたらく地球の引力の大きさ F_1 によりばねは鉛直下向きに $l = F_1/k$ だけ伸びる．力の大きさ F_1 がわかり，伸びた長さ l を測れば，ばね定数 k を求めることができる．ばねにつるした物体を大きさ F_2 の力で水平に引っ張ると，物体には鉛直下向きに $\boldsymbol{F}_1$，水平に $\boldsymbol{F}_2$ の力が加わり，**図 6·3** に示すように二つの力を合成した力 $\boldsymbol{F}$ がはたらく．このように，力 $\boldsymbol{F}_1$ と $\boldsymbol{F}_2$ の和 $\boldsymbol{F}$ をつくることを，**力の和**（または**合力**）を求めるという．力はベクトルのため，力の和はベクトルの和を求める方法に従う．

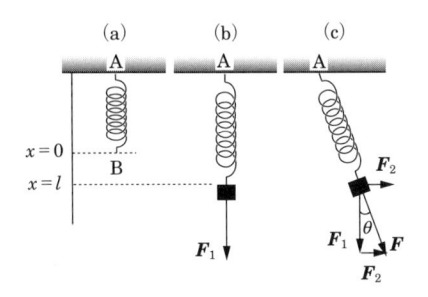

● 図 6·3 (a) 天井につるした質量の無視できるばねの自然長の他端を $x=0$ とする．(b) ばねに物体をつるすと重力の大きさ F_1 で l だけ伸びる．(c) 物体を水平方向に大きさ F_2 の力で引っ張ると，物体には $\boldsymbol{F}_1$ と $\boldsymbol{F}_2$ を合成した力 $\boldsymbol{F}$ が加わる ●

　二つの力 $\boldsymbol{F}_1$，$\boldsymbol{F}_2$ の和 $\boldsymbol{F}$ の大きさ F（あるいは $|\boldsymbol{F}|$ と書く）は，三平方の定理から，$F = \sqrt{F_1^2 + F_2^2}$ と計算される．鉛直下向きと $\boldsymbol{F}$ の間の角度を θ とすると，角度は $\theta = \tan^{-1} F_2/F_1$ である．物体にはたらく二つ以上の力がある場合も，それらの和は 2 章 3 節で学んだベクトル和をつくる方法で求めることができる．いま，n 個の力 $\boldsymbol{F}_i$ ($i = 1, 2, \cdots, n$) があるとき，その和 $\boldsymbol{F}$ を $\boldsymbol{F} = \sum_{i=1}^{n} \boldsymbol{F}_i$ で表す．3 個のベクトル $\boldsymbol{F}_1$，$\boldsymbol{F}_2$，$\boldsymbol{F}_3$ の場合について，**図 6·4**(a) では多角形法で，図 6·4(b) では平行四辺形法で和を求める方法を示す．n が大きい場合には，次々とベクトル和をつくって力の総和を求める多角形法がより簡便である．

　物体に n 個の力 $\boldsymbol{F}_1$，$\boldsymbol{F}_2$，$\cdots$，$\boldsymbol{F}_n$ がはたらき，合力 $\boldsymbol{F}$ が $\boldsymbol{F} = \sum_{i=1}^{n} \boldsymbol{F}_i = 0$ となる場合は，力がつり合って，結果的に物体には力がはたらいていない場合と同じ状態が生まれる．

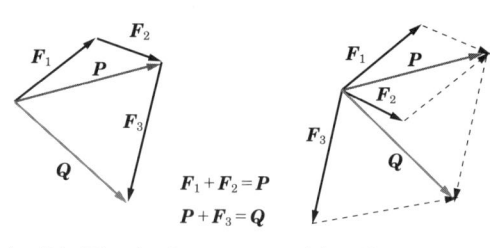

6 章　物体にはたらく力とニュートンの運動の法則

$F_1 + F_2 = P$
$P + F_3 = Q$

(a)　多角形法で次々と加えていく方法
(b)　平行四辺形の原理を使った合成法

● 図 6・4　三つの力のベクトルの合成法 ●

2　ニュートンの運動の法則

　ケプラーによる惑星運動の解明やガリレイによる物体の運動の解明から，ニュートンは惑星の運動も地上での物体の落下運動も同じ法則に従っていることを明らかにし，物体の運動をニュートンの運動の法則として以下の三つの基本法則にまとめた．

(1)　慣性の法則（運動の第一法則）
(2)　運動の法則（運動の第二法則）
(3)　作用・反作用の法則（運動の第三法則）

〔1〕　**運動の第一法則**

　ニュートンの運動の第一法則は**慣性の法則**といわれている．慣性の法則とは，外から力を加えない限り，**運動している物体は一定速度の直線運動を続け，静止している物体はいつまでも静止し続ける**という運動の性質を指している．図 6・5 のように，坂と水平面がなめらかにつながった床面があり，坂の上部から坂に沿って物体を放すとする．坂を滑り落ちた物体は，床面と摩擦がなく，かつ，空気抵抗もないので，水平な床の上をどこまでも滑り続ける．また，床の上に静止して

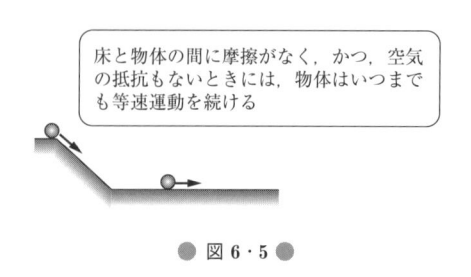

床と物体の間に摩擦がなく，かつ，空気の抵抗もないときには，物体はいつまでも等速運動を続ける

● 図 6・5 ●

いる物体は，外からの力を受けない限りいつまでも静止し続ける．**床面上を等速直線運動をしている**ということと**静止している**ということは，力学的には同じことである．x軸上を物体が速さv〔m/s〕で等速直線運動しているとき，x軸と平行な直線上を同じ速さvで走っている乗り物から観測すれば，物体は静止していると見える．この現象は，複数の電車線路が平行につくられていて，一つの線路上を走る電車を隣の線路上を走っている電車から見る場合を想像するとよくわかる．両電車の速さが同じなら，電車は並行して走り，乗客は隣の電車が止まっているか走っているか見分けがつかなくなるだろう．

慣性の意味について考えてみる．静止しているダンプカーと乗用車があり，それらを押して動かそうとするとき，どちらが動き始めやすいかといえば乗用車である．一定の力を加えて静止した状態から運動の状態に変えるときの変えやすさは，一般にいう**物体の重量**という性質で異なる．物理学では，力を加えたとき動きやすいか，動きにくいかを示す目安を**質量**と呼び，文字mで表す．動きやすい性質を**慣性が小さい**といい，動きにくい性質を**慣性が大きい**という．慣性の目安となる量という意味でmを**慣性質量**と呼ぶ．特に断らない限り慣性質量のことを**質量**という．質量と重量の関係については，本節3項で説明する．質量を測る**単位**には，1章1節で学んだように国際（SI）単位系（力学では，MKS単位系）で**キログラム**〔kg〕を使う．

〔2〕 **運動の第二法則——力と質量および加速度の関係** ■ ■ ■

なめらかな床の上で，物体に一定の力を加え続けると物体は徐々に速度を増していく．物体が時間とともに速度を変えるとき，**物体は加速度をもつ**という．すなわち，物体に力を加えると加速度が生じる．図6・6は，質量の異なる二つの物体m_1, m_2をダンプカーと乗用車にたとえ，これらを同じ大きさの力Fで押したとき二つの車が得る加速度a_1とa_2を示したものである．

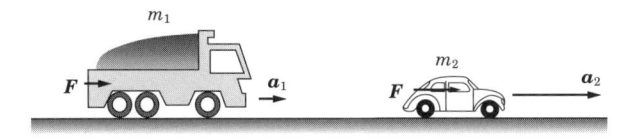

● 図6・6　質量の大きなダンプカーと質量の小さな乗用車を同じ大きさの力Fで押すと，質量の大きいダンプカーの加速度a_1は乗用車の加速度a_2よりも小さい ●

質量の大きなダンプカーと質量の小さな乗用車に同じ大きさの力 F を加えたとすると，ダンプカーの得る加速度は小さく，乗用車の得る加速度は大きくなる．すなわち，二つの物体の質量 m_1，m_2 と加速度の大きさ a_1，a_2 の間には，$F = m_1 a_1 = m_2 a_2$ の関係が成り立つ．この関係は

$$\frac{m_1}{m_2} = \frac{a_2}{a_1} \tag{6・2}$$

とも書くことができる．$m_1 > m_2$ ならば $a_2 > a_1$ となり，質量と加速度の間には反比例の関係が成り立つことがわかる．加速度は，力と同じベクトル量であり，加速度の向きは，はたらいた力の向きと同じである．力と質量および加速度の関係をベクトルを使って表すと

$$\boldsymbol{F} = m\boldsymbol{a} = m\frac{d\boldsymbol{v}}{dt} = m\frac{d^2\boldsymbol{x}}{dt^2} \tag{6・3}$$

と書くことができる．式 (6・3) に現れる加速度 $\boldsymbol{a}$ は，速度を時間で微分したもの，また，変位 $\boldsymbol{x}$ を時間で 2 階微分したものといってよい．式 (6・3) の第 2 番目および第 3 番目の項がそれらに対応している．力と質量および加速度の間に成り立つ式 (6・3) の関係を**ニュートンの運動の第二法則**といい，式 (6・3) をニュートンの**運動方程式**という．式 (6・3) は，荷物を持ち上げているときに必要な力の大きさを推定するのにも役立つ．質量 m の荷物には重力加速度 g がはたらき，地上で鉛直下向きに重力 $\boldsymbol{F} = m\boldsymbol{g}$ が発生する．したがって，荷物を持ち上げているためには，$\boldsymbol{F} = m\boldsymbol{g}$ の力が必要になる．

物体の運動を扱うとき，物体が大きさをもっていると力の加わり方で物体が変形したり回転したりする．物体が大きさをもっているために起こる運動を扱うには，剛体の力学を学ぶ必要があるが，この課題は 9 章以降に譲り，ここでは物体の大きさを考慮しないで，物体を**質量はもつが大きさのない点状**の粒子として扱うことにする．この仮想的な点状粒子を 5 章のアブストラクトで定義したように**質点**と呼ぶ．そうすることで，物体の運動は，力のはたらいた向きへの質点の直線運動として扱うことができる（図 **6・7**）．

質点は力 $\boldsymbol{F}$ を受けると，力の向きに加速度 $\boldsymbol{a}$ を得る．加速度が正の値の場合は，質点の速度 v は時間とともに増していく．逆に，加速度が負の値の場合は，質点の速度は減少する．自動車を例にとれば，止まっている状態から走り出して加速する場合が正の加速度に対応し，走っている自動車がブレーキをかけて減速

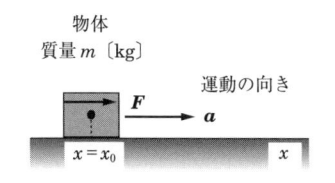

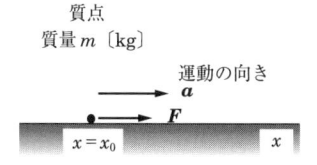

● 図 6・7 物体の運動を質点の運動として扱う ●

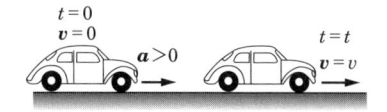

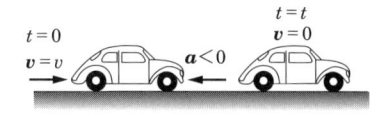

(a) 時刻 $t=0$ で速度が 0, t 秒後に速度が v になる正の加速度の場合

(b) 時刻 $t=0$ で速度が v, t 秒後に速度が 0 になる負の加速度の場合

● 図 6・8 直線運動をしている自動車の例 ●

する場合が負の加速度に当たる（**図 6・8**）.

【例題 1】 静止している質量 5 kg の質点が一定の力を受けて運動を開始し，5 秒間に 20 m の距離を運動した．この力の大きさを求めよ．
【解答例】 質点は，運動を開始して 5 秒間に 20 m 進んだということは，この間の加速度は $x=(1/2)at^2$ の関係から，$a=(20\times2)/5^2=1.6 \text{ m/s}^2$.
したがって，a を $F=ma$ の関係式に代入し，$F=5\times1.6=8 \text{ kg·m/s}^2$.

〔3〕 **力の単位と重量** ■■■

力の単位は，ニュートンの運動の第二法則 $\boldsymbol{F}=m\boldsymbol{a}$ の式から，質量および加速度の単位を使って表すことができる．質量 $m=1$ kg の物体に力を作用させて，加速度の大きさ $a=1 \text{ m/s}^2$ を生み出すとき，作用させた力の大きさ F は SI 単位系で，1〔kg〕〔m/s²〕$=1 \text{ kg·m/s}^2$ となる．この 1 kg·m/s^2 を新たに 1 N と書き，〔N〕を力の単位 **ニュートン**と呼ぶ．

質量 m〔kg〕の物体を手で支えると，地球が物体を引き付ける下向きの力を感じる．手を放すと，物体は地球に引かれて落下する．この地球が物体を引く力を**重力**といい，重力で物体に生じる加速度を**重力加速度**という．重力加速度は記号 g で表す．g の向きは地面から鉛直上向きを正にとる．大きさは，地表近くでほぼ一定の値で，$g=9.8 \text{ m/s}^2$ である．重力は質量 m と重力加速度 g との積で表され，質量 10 kg の物体が受ける重力の大きさは $10\times9.8=98$ N である．この重力

のことを一般に**重量**と呼ぶ．

重量の単位は〔N〕で表すほかに〔**kg重**〕あるいは〔**kgW**〕（W は Weight の W からきている）でも表す．質量 10 kg の物体の重量は 98 N もしくは 10 kg 重である．〔kg重〕はニュートンと同じく力の単位となっており，質量と重量を混同しないことが重要である．質量 60 kg の人が，重力加速度の大きさ $g=9.8 \text{ m/s}^2$ の地上で体重計に乗ると，体重計の針は $F=60$ kg 重の目盛りを指す．ところが，重力加速度の大きさが地球の約 1/6 の月面で測れば，針は 10 kg 重を指す（**図 6・9**）．質量が同じでも，重力加速度が異なれば重量は異なる．人が体重を測って**体重 54 kg** という言い方は物理学では正しくない．**体重 54 kg 重**が正しい言い方である．

(a) 60 kg の質量の人が地球上で体重を測った場合のはかりの読みは 60 kg 重

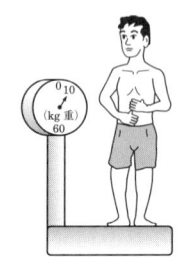

(b) 月面で測った場合の読みは地球の場合の (1/6) の 10 kg 重

● 図 6・9 ●

【**例題 2**】　ある人が地球の重力加速度の 10 倍の重力加速度をもつ星に行って，地球で測ったと同じ体重計で測ったところ，体重計の目盛りが 580 kg 重を指した．この人の質量はいくらか．
【**解答例**】　星の重力加速度を g' とすると，$g'=98 \text{ m/s}^2$．体重計は地球の重力加速度で目盛りが付けられているので，580 kg 重は，$580\times 9.8 = 5680$ N に相当する．$F=mg'$ の式に代入し，$m=5680/98=58$ kg．

---

〔4〕　**平面内の運動の扱い**　■ ■ ■

（a）**水平面内の運動の扱い**

平面内の質点に複数の力がはたらき，それによって質点が運動を始めるときは，図 **6・10** のように平面内に互いに直交する x 軸，y 軸をとり，質点に作用する力

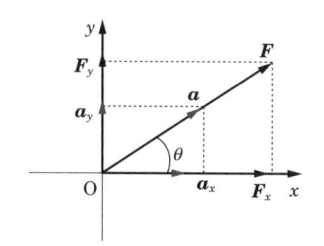

● 図 6・10　力が質点に作用する場合.
力と質点の加速度を成分に分けて扱う ●

および質点の加速度を x 軸成分, y 軸成分に分解して扱うのがわかりやすい. いま, 質量 m の質点が座標原点 O にあるとして, これに力 $\boldsymbol{F}$ が作用したとする. 物体は力 $\boldsymbol{F}$ を受けて生まれる加速度 $\boldsymbol{a}$ で力 $\boldsymbol{F}$ の向きに動く.

　この運動を表すのに, 力 $\boldsymbol{F}$ と加速度 $\boldsymbol{a}$ を x, y 軸の成分に分けて考える. $\boldsymbol{F}$ の x 軸成分を $\boldsymbol{F}_x$, y 軸成分を $\boldsymbol{F}_y$ とすれば, $\boldsymbol{F}$ は, 単位ベクトル $\boldsymbol{i}, \boldsymbol{j}$ を使って

$$\boldsymbol{F} = F_x \boldsymbol{i} + F_y \boldsymbol{j} \tag{6・4}$$

と書くことができる. 力 $\boldsymbol{F}$ の向きは, x 軸から $\boldsymbol{F}$ に反時計回りに測った角度 θ を使って

$$\theta = \tan^{-1} \frac{F_y}{F_x} \tag{6・5}$$

と書くことができる.

　力 $\boldsymbol{F}$ がはたらくことで物体が得る加速度 $\boldsymbol{a}$ は, $\boldsymbol{a}$ の x, y 軸成分を, それぞれ, a_x, a_y として, ニュートンの運動の第二法則から

$$a_x = \frac{d^2 x}{dt^2} = \frac{F_x}{m} \tag{6・6}$$

$$a_y = \frac{d^2 y}{dt^2} = \frac{F_y}{m} \tag{6・7}$$

で与えられる. 式 (6・6), (6・7) から, 加速度 $\boldsymbol{a}$ は

$$\boldsymbol{a} = a_x \boldsymbol{i} + a_y \boldsymbol{j} \tag{6・8}$$

と表すことができる. $\boldsymbol{a}$ の向きは $\boldsymbol{F}$ の向きと同じで, x 軸から反時計回りの角度 θ で示される.

（b）**垂直面内の運動の扱い**

　図 **6・11**(a) のように, なめらかな床の上に物体を置き, その物体に床面から上

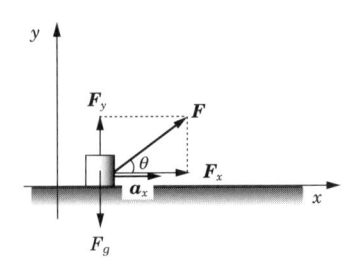

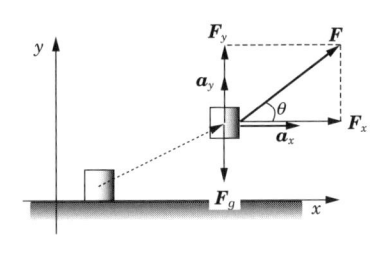

(a) **F** の y 軸正の向きの成分 **F**_y が，重力 m**g** より小さい場合

(b) **F**_y が m**g** より大きい場合

● 図 6・11 なめらかな床の上の物体に力 **F** が，床から上方 θ の角度にはたらく場合 ●

向きの角度 θ の方向に力 **F** を与える場合を考える．床面に沿って右向きに x 軸の正の向きをとり，x 軸に対して鉛直上向きに y 軸の正の向きをとる．x 軸と y 軸の交点を原点 O とし，物体ははじめ原点にあるとする．物体にはたらく力 **F** の x 軸，y 軸成分を，それぞれ F_x，F_y で表す．

F の y 軸成分 $F_y = F\sin\theta$ と重力 $-mg$ の関係から，ニュートンの運動方程式は次のように書ける．

$$ma_y = F_y - mg \tag{6・9}$$

$F_y - mg < 0$ の場合は，物体は床面にとどまり，$F_y - mg > 0$ の場合は，物体は床面を離れて加速度 a_y で y 軸正の向き，（すなわち，空中）に飛び出す．そのときの a_y は

$$a_y = \frac{d^2 y}{dt^2} = \frac{F_y}{m} - g = \frac{F\sin\theta}{m} - g \tag{6・10}$$

となる．一方，x 軸に沿った運動は，力 **F** の x 軸成分 $F_x = F\cos\theta$ で起こり，加速度の大きさ a_x は

$$a_x = \frac{d^2 x}{dt^2} = \frac{F_x}{m} = \frac{F\cos\theta}{m} \tag{6・11}$$

と書くことができる．x 軸の正の向きに大きな加速度を得るには，θ=0，すなわち，床に平行に力を加えるのが有効である．x 軸，y 軸両成分の運動をまとめてベクトルで表せば

$$\boldsymbol{a} = \frac{d^2 \boldsymbol{r}}{dt^2} = \frac{1}{m}(\boldsymbol{F} - m\boldsymbol{g}) \tag{6・12}$$

となる．$F_y - mg > 0$ のとき，物体のもつ加速度 **a** の大きさ a は

$$a=\sqrt{a_x^2+a_y^2} \tag{6・13}$$

となり，飛び出す角度 θ は次式となる．

$$\theta=\tan^{-1}\frac{a_y}{a_x} \tag{6・14}$$

【例題3】 なめらかで水平な床の上に質量 5 kg の物体があり，これに床から上向き 30° 方向に一定の力 30 N を加えて動かす．このとき，物体のもつ床面に沿う加速度を求めよ．

【解答例】 床面上で物体が動く向きを x 軸の正の向きとすれば，x 軸に沿う力 F_x は，$F_x=30\cos(\pi/6)\approx 26.0$ N．x 軸に沿う加速度を a_x とすると，$F_x=ma_x$ の関係より，$a_x\approx 26/5=5.2$ m/s^2．

---

〔5〕 **複数の力と平面内の運動** ■■■

質量 m の質点が平面内にあるとして，質点に複数の力，例えば，二つの力 $\boldsymbol{F}_1$, $\boldsymbol{F}_2$ がはたらく場合の運動を考える．平面を x 軸，y 軸の直角座標で表し，x 軸および y 軸の正の向きの単位ベクトルを，それぞれ，$\boldsymbol{i}$ および $\boldsymbol{j}$ で表す．$\boldsymbol{i}$ および $\boldsymbol{j}$ を使うと力 $\boldsymbol{F}_1$ および $\boldsymbol{F}_2$ は，それぞれ，$\boldsymbol{F}_1=F_{1x}\boldsymbol{i}+F_{1y}\boldsymbol{j}$, $\boldsymbol{F}_2=F_{2x}\boldsymbol{i}+F_{2y}\boldsymbol{j}$ と書くことができる．この場合，二つの力の合力 $\boldsymbol{F}$ は，$\boldsymbol{F}=(F_{1x}+F_{2x})\boldsymbol{i}+(F_{1y}+F_{2y})\boldsymbol{j}$ となる．したがって，質点のもつ x 軸方向の加速度成分 a_x および y 軸方向の加速度成分 a_y は次のように書くことができる．

$$a_x\left(=\frac{d^2x}{dt^2}\right)=\frac{F_{1x}+F_{2x}}{m} \tag{6・15}$$

$$a_y\left(=\frac{d^2y}{dt^2}\right)=\frac{F_{1y}+F_{2y}}{m} \tag{6・16}$$

質点が運動する向きは，x 軸の正の向きから測った反時計回りの角度 θ を使い，**図 6・12** のように

$$\tan\theta=\frac{F_{1y}+F_{2y}}{F_{1x}+F_{2x}} \tag{6・17}$$

から求まる．

$\boldsymbol{F}_1=-\boldsymbol{F}_2$ であれば，質点にはたらく合力は $\boldsymbol{0}$ で，質点は静止したままである．$\boldsymbol{F}_2=0$ であれば，質点は力 $\boldsymbol{F}_1$ の向きに加速度を得る．一般に，n 個の力が質点に作用しているときに，生じる質点の加速度とその向きについても，二つの力が

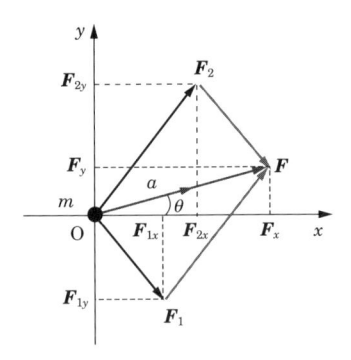

6章 物体にはたらく力とニュートンの運動の法則

● 図 6・12 二つの力の合力が質点に作用する場合．質点の加速度は合力の向きに一致する ●

はたらく場合と同様に，ニュートンの運動の第二法則が成り立つ．n 個の力を $\boldsymbol{F}_i$ $(i=1,2,\cdots,n)$ とすれば，合力 $\boldsymbol{F}=\sum_{i=1}^{n}\boldsymbol{F}_i$ が物体に加速度 $\boldsymbol{a}$ を与え，ニュートンの運動方程式は $\boldsymbol{F}=m\boldsymbol{a}$ と表される．

合力 $\boldsymbol{F}$ の大きさの x, y 軸成分は，それぞれ $F_x=\sum_{i=1}^{n}F_{ix}$, $F_y=\sum_{i=1}^{n}F_{iy}$ と表され，加速度の大きさの x 軸成分 a_x および y 軸成分 a_y は

$$a_x\left(=\frac{d^2x}{dt^2}\right)=\frac{\sum_{i=1}^{n}F_{ix}}{m} \tag{6・18}$$

$$a_y\left(=\frac{d^2y}{dt^2}\right)=\frac{\sum_{i=1}^{n}F_{iy}}{m} \tag{6・19}$$

となり，加速度の向きは合力の向き，すなわち

$$\tan\theta=\frac{\sum_{i=1}^{n}F_{iy}}{\sum_{i=1}^{n}F_{ix}}=\frac{F_y}{F_x} \tag{6・20}$$

で得られる角度 θ と同じ向きである．

【例題 4】 質量 2 kg の質点に，二つの力 $\boldsymbol{F}_1$ および $\boldsymbol{F}_2$ がはたらいている．二つの力は，それぞれ $\boldsymbol{F}_1=4\boldsymbol{i}-2\boldsymbol{j}$ 〔N〕，$\boldsymbol{F}_2=2\boldsymbol{i}+4\boldsymbol{j}$ 〔N〕で表される．
(1) 質点にはたらく合力を求めよ．
(2) 質点にはたらく合力の大きさを求めよ．
(3) 質点の動く向きを求めよ．

(4) 質点の得る加速度の大きさを求めよ．

[解答例] (1) 合力は $\boldsymbol{F}=4\boldsymbol{i}-2\boldsymbol{j}+2\boldsymbol{i}+4\boldsymbol{j}=6\boldsymbol{i}+2\boldsymbol{j}$ 〔N〕．

(2) 合力の大きさは $|\boldsymbol{F}|=\sqrt{6^2+2^2}=\sqrt{40}\approx 6.32$ N．

(3) 質点は力の向きに動くから，x 軸から反時計回りに測った角度を θ で表すと，$\tan\theta=2/6=1/3$．これより，$\theta=\tan^{-1}1/3$．

したがって，$\theta\approx 0.32$ rad $(=18.4°)$．

(4) 質点が得る加速度の大きさは，$F=ma$ の式より
$a=6.32/2=3.16$ m/s^2．

3 運動の第三法則

ニュートンの運動の第三法則は，二つの物体が，相互作用を行うときの力の性質を表す法則である．図 6・13 のように，互いに引き合う二つの物体があるとする．物体2が物体1を引きつけようとする力を $\boldsymbol{F}_{21}$ とし，物体1が物体2を引きつけようとする力を F_{12} とする．運動の第三法則とは F_{12} と F_{21} は**大きさが等しく，向きは互いに反対向きである**，という力の関係のことを指している．

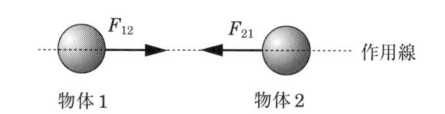

● 図 6・13　二つの物体が互いに力を及ぼすとき，力の向きは互いに反対向きで，大きさは等しい ●

$\boldsymbol{F}_{12}$ と $\boldsymbol{F}_{21}$ は一直線上にあり，この直線を作用線という．運動の第三法則は**作用・反作用の法則**といわれ，式で書き表すと次のように書ける．

$$\boldsymbol{F}_{12}=-\boldsymbol{F}_{21} \tag{6・21a}$$

$$|\boldsymbol{F}_{12}|=|\boldsymbol{F}_{21}| \tag{6・21b}$$

$\boldsymbol{F}_{12}$ を**作用力**というとき，$\boldsymbol{F}_{21}$ を**反作用力**という．

作用・反作用の法則は，ハンマで木にくぎを打つとき，あるいは頭を壁に打ち当てたときなどに体験する．図 6・14 の例では，くぎはハンマに打たれて木に刺さるが，同時に手はハンマがくぎで跳ね返される動きを感じる．頭を壁に打ちつけたときは，壁にへこみができるかもしれないが，頭も相当な痛みを感じる．ここで，物体にはたらく重力の反作用力は何かを考えてみよう．

6章　物体にはたらく力とニュートンの運動の法則

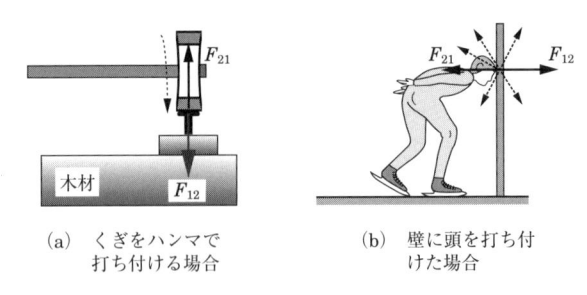

(a) くぎをハンマで打ち付ける場合

(b) 壁に頭を打ち付けた場合

● 図 6・14　いろいろな場合の作用と反作用の関係 ●

　質量 m の物体は重力 mg で地球に引かれる．この重力を作用力としたとき，反作用力は物体が地球を引きつける力である．地球を質点と考え，地球の質量を $m_{地球}$ で表し，地球の中心にあるとする．地球が質量 m の物体に引きつけられる加速度の大きさを g_{21} とすると，式 (6・2) から $g_{21}=(m/m_{地球})g$ となり，物体が地球を引きつける加速度は地球質量の大きさを考えれば 0 とみなせるほど小さい．物体と地球の作用・反作用の関係は物体を月に置き換えて考えるとわかりやすい（**図 6・15**(a) を参照）．机上に置いた物体が重力で引かれ机の板面を下方に押す力を作用力とすると，反作用力は板面が物体を支え垂直上方に押し上げている力である．机の板面が，板面に垂直上向きに物体に及ぼす力のことを**垂直抗力**といい，一般に，記号 N で表す．N の大きさ N は，物体が板面に及ぼす力の大きさ mg に等しい．物体にはたらく重力の反作用を垂直抗力 N と誤解することがないように注意が必要である．

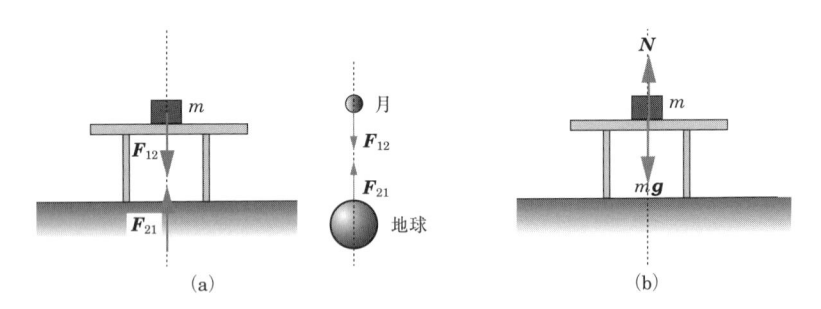

● 図 6・15　(a) 物体を机の上に置いた場合．物体は重力 $\boldsymbol{F}_{12}=-m\boldsymbol{g}$ を受けて机の面を鉛直下方に押す．机の面は物体に鉛直上方の力 $\boldsymbol{F}_{21}$ を与え物体を支える．$\boldsymbol{F}_{21}$ は作用力 $\boldsymbol{F}_{12}$ の反作用力で，この力を垂直抗力 $\boldsymbol{N}$ という．(b) 物体が置かれている面が斜面であるときには，垂直抗力は斜面に垂直上方にはたらく ●

まとめ

- 力はベクトルの性質をもつ量で，大きさ，向き，作用する点で特徴づけられる．
- ニュートンの運動の法則．
  - 運動の第一法則（慣性の法則）：外からの力を受けない限り，運動している物体は等速直線運動を続け，静止した物体は静止したままである．
  - 運動の第二法則：物体に力がはたらくと加速度が生ずる．力と加速度および質量の関係は $\boldsymbol{F}=m\boldsymbol{a}$ で表される．
  - 運動の第三法則（作用・反作用の法則）：物体が相互作用するとき，互いに大きさが同じで向きが反対の力を及ぼす．
- 質量の単位はキログラム〔kg〕，力の単位はニュートン〔N〕で表す．
- 重力加速度は地表近くでほぼ一定の大きさ $g=9.8 \text{ m/s}^2$ である．$\boldsymbol{g}$ を重力加速度といい，$m\boldsymbol{g}$ を重力という．重量は重力のことをいい，質量とは異なる．
- 物体を水平な床に置くとき，物体は床に対して下向きに $\boldsymbol{F}=m\boldsymbol{g}$ の重力を及ぼし，床は物体に対して垂直上向きに $\boldsymbol{N}$ の垂直抗力を与える．垂直抗力の大きさは重力の大きさと等しく，$N=mg$ である．

演習問題

問 1 質量 2 kg の物体をばねにつるしたところ，自然長 20 cm から 4 cm 伸びた．ばね定数 k の値を求めよ．

問 2 速度の大きさ 20 m/s で走っている質量 1 000 kg の車がある．一定加速度で減速し，4 秒後に停止するとき
  (1) この車にはたらく力はどれだけか．
  (2) 減速を始めてから停止するまでに走る距離 d〔m〕はどれだけか．

問 3 質量 5 kg の物体に，$\boldsymbol{F}_1=3\boldsymbol{i}-4\boldsymbol{j}$〔N〕および $\boldsymbol{F}_2=-2\boldsymbol{i}+\boldsymbol{j}$〔N〕の二つの力がはたらくとき
  (1) 合力 $\boldsymbol{F}=\boldsymbol{F}_1+\boldsymbol{F}_2$ を単位ベクトルを使って書け．
  (2) 合力の大きさ F を求めよ．
  (3) 物体の加速度を求めよ．
  (4) 物体の運動方向を x 軸から反時計回りの角度 θ で表せ．

7章

ニュートンの運動の法則の応用

　ニュートンの運動の法則は物体のあらゆる運動に適用することが可能である．その場合，問題を扱いやすくするために物体は質点として扱うのが通例である．本章では，物体に力がはたらいた結果生まれる運動の典型的な場合，すなわち，物体の直線運動，2物体の連動運動，復元力のあるばねの往復運動，摩擦力がある場合の運動，そして，等速円運動を例に取り上げる．これらの例の扱い方を習得すれば，力学の入門段階で扱う問題は，上にあげた例のどれかの扱い方で，あるいは，それらの簡単な組合せで解くことができるようになるはずである．

1 一次元の等加速度運動

〔1〕 なめらかな斜面上での運動

　図 7・1(a) のように，なめらかな床の上に質量 m〔kg〕の物体が置いてある．この物体に，床面に平行に大きさ F〔N〕の力を加え続けると，物体は式 (6・3) に従い，加速度の大きさ

$$a = \frac{F}{m} \; [\text{m/s}^2] \tag{7・1}$$

で床面上を滑る．また，空中で質量 m の物体を支えると，手は物体の重量 mg〔N〕を感じる．この場合は，物体が大きさ g〔m/s²〕の重力加速度を受け，地面に向

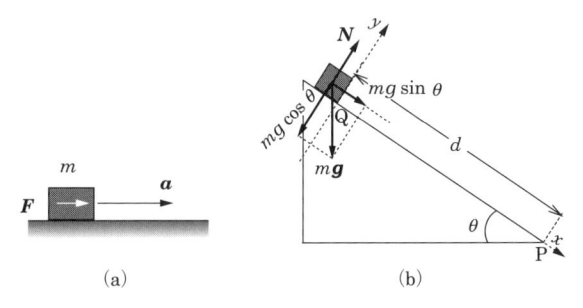

● 図 7・1　(a) なめらかな床の上に置いた物体にはたらく力 F と加速度 a の関係．
　　　　　(b) 水平面に対して角度 θ をもつなめらかな斜面の上に置いた質量 m の物体の運動 ●

かって大きさ $F=mg$ の力がはたらき，その力を手が受け止めるからである．

次に，図 7・1(b) のような，水平な床に対して傾きの角 θ をもつなめらかな斜面上に物体を置いた場合の運動を考える．水平面と斜面が交わる点 P から斜面上方 d 〔m〕の距離に物体を置き，手を放すと物体は滑り始めて点 P に達する．点 P から斜面上方 d の距離を x 軸の原点 $x=0$ m にとり，斜面に沿って P の向きを x 軸の正，斜面に垂直で上方を y 軸の正の向きとする．物体は水平面に対し鉛直下向きに重力 mg を受ける．いま，物体にはたらく力は，大きさ mg の重力と大きさ N 〔N〕の垂直抗力である．ここで，物体の運動を直交する二つに座標軸成分に分けて考える．x 軸，y 軸に沿う単位ベクトルを $\boldsymbol{i}$, $\boldsymbol{j}$ で表すと，力 $\boldsymbol{F}$ は $\boldsymbol{F}=F_x\boldsymbol{i}+F_y\boldsymbol{j}$ と書くことができる．垂直抗力 $\boldsymbol{N}$ の大きさ N は，重力の大きさ mg が斜面に垂直下向き（y 軸の負の向き）にもつ成分と等しいので，y 軸に沿った力の和 $\boldsymbol{F}_y$ は $\boldsymbol{0}$ となる．

$$F_y=0=N-mg\cos\theta \tag{7・2}$$

$F_y=0$ から y 軸に沿う運動は起こらない．一方，x 軸に沿っては，重力の大きさ mg の x 軸成分の力 $F_x=mg\sin\theta$ がはたらく．そのため物体は斜面に沿って滑り落ちる．そのときの加速度の大きさを a_x 〔m/s^2〕とすると，a_x は

$$F_x=ma_x=mg\sin\theta \tag{7・3}$$

から求まり

$$a_x=g\sin\theta \tag{7・4}$$

となる．斜面を滑り落ちるときの加速度の大きさ a_x は質量によらず，単に重力加速度 g と傾斜角 θ のみで決まる．距離 d を滑り落ちる時間 t〔s〕は，物体が初速度 $v_0=0$ m/s で一定加速度の大きさ a をもつ場合に変位を与える式

$$d=\frac{1}{2}at^2 \tag{7・5}$$

より，a に a_x を代入して，t を求める式を書くと

$$t=\sqrt{\frac{2d}{a_x}}=\sqrt{\frac{2d}{g\sin\theta}} \tag{7・6}$$

となる．水平面に到達する直前の物体の速度の大きさ v_x〔m/s〕は，物体の加速度の大きさ a_x と水平面に到達するまでの時間 t から

$$v_x = a_x t = g\sin\theta\sqrt{\frac{2d}{g\sin\theta}} = \sqrt{2dg\sin\theta} \tag{7・7}$$

となる．また，v_x を求めるのに，式 (5・3) を利用すれば，物体から手を放した瞬間を時刻 $t=0$ s として，$v_0=0$，$y-y_0=d$，重力加速度（今の場合，x 軸の正の向きへの運動だから加速度 g の符号は正となる）g の代わりに $g\sin\theta$ を代入すれば，$v_x^2 = 2gd\sin\theta$ が求まり，式 (7・7) と同じ v_x を得ることができる．傾斜角が大きくなり $\theta = \pi/2$ 〔rad〕では，物体は自由落下と同じ振舞いとなることがわかる．

2 二つの物体の連動運動

二つの物体が連動する運動の例としてアトウッドの滑車を考える．アトウッドの滑車とは，質量 m_1 〔kg〕，m_2 〔kg〕の二つの物体 M_1，M_2 （$m_1<m_2$）が天井につるされた抵抗のない滑車を通して細いひもでつり下げられている系のことをいう．

図 7・2 に示すように，M_1 と M_2 にはたらく力は重力 m_1g，m_2g と，つり下げているひもにはたらく大きさの等しい張力 T 〔N〕のみであり，物体は鉛直線に沿う上下運動のみを行う．$m_1<m_2$ から M_2 は落下し，M_1 は上に引き上げられる．運動の向きとして，鉛直上向きを y 軸の正の向きにとり，M_1，M_2 の運動にニュートンの運動の第二法則を当てはめて考える．M_1 が上に引き上げられるということは，下向きにはたらく重力 m_1g よりも張力 T が大きいため，上方に $T-m_1g$ の力が加わるからである．

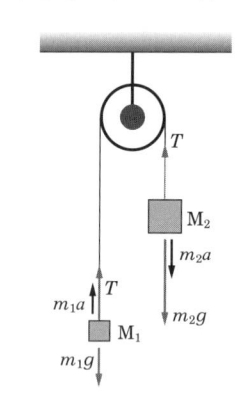

● 図 7・2　二つの物体 M_1，M_2 が天井につるされた滑車を通して細いひもでつるされている ●

この力で生まれる加速度の大きさを a 〔m/s²〕とすれば，M_1 の運動は次式のようになる．

$$T - m_1 g = m_1 a \tag{7・7a}$$

一方，M_2 は落下する．そのときの M_2 のもつ加速度の大きさは，M_1 とひもで結ばれているので a となり，向きは下向きである．M_2 の運動の式は

$$T - m_2 g = -m_2 a \tag{7・7b}$$

となる．考え方として，M_2 が受ける重力 $m_2 g$ がひもの張力 T に勝るので，その力の差，すなわち $m_2 g - T$ に相当する力で鉛直下方に引かれるため加速度 a が生じる，と考えてもよい．加速度 a の大きさは式 (7・7a)，(7・7b) から T を消去して

$$a = \frac{m_2 - m_1}{m_1 + m_2} g \tag{7・8a}$$

と求まる．張力 T は，a を式 (7・7a) か式 (7・7b) に代入して

$$T = \frac{2 m_1 m_2}{m_1 + m_2} g \tag{7・8b}$$

と得られる．$m_1 = m_2$ であれば，式 (7・8a) から $a = 0 \text{ m/s}^2$ となり M_1，M_2 は動かない．また，$m_1 \ll m_2$ の場合は，$m_1 / m_2 \to 0$ が成り立ち，式 (7・8a) から $a = g$ と近似できて，自由落下の場合と同じとなる．張力 T は $T = 2 m_1 g$ となる．

3 ばねの単振動

図 7・3 のように，一端 A を壁に固定し，他端 B に質量 m の物体が固定されたばねがなめらかな床の上に置かれている場合を考える．ばね定数を $k \, \text{[N/m]}$ とする．物体を x 軸に沿って引っ張り，ばねを伸ばすと，ばねは復元力で物体を引き戻そうとする．この運動をニュートンの運動方程式に沿って考える．

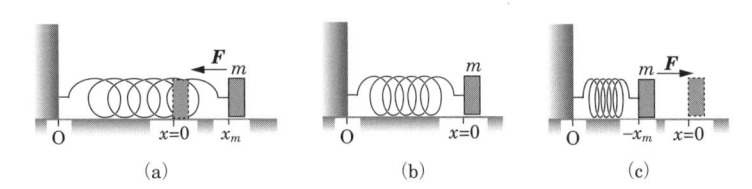

● 図 7・3　自然長 x_0 のばねの一端に質量 m の物体を固定し，x_m 伸ばして放すと $-x_m$ まで縮み，また，x_m までもどる反復運動を繰り返す ●

ばねの復元力はフックの法則に従い，式 (6・1)，すなわち

$$F = -kx \tag{7・9}$$

と表される．

$x \, \text{[m]}$ は力 $F \, \text{[N]}$ を加えたことで自然長から伸びたり縮んだりした長さである．力 $\boldsymbol{F}$ は質量 m と加速度 $\boldsymbol{a}$ の積ということを思い起こすと，$\boldsymbol{a}$ が変位 x の時間 t による 2 階微分で表されるという関係式 (4・4) を使うと，ばねの運動はニュー

トンの運動方程式 (6・3) より

$$ma = m\frac{d^2x}{dt^2} = -kx \tag{7・10}$$

と書ける．式 (7・10) の右の 2 項を整理して得られる

$$\frac{d^2x}{dt^2} + \frac{k}{m}x = 0 \tag{7・10}'$$

は，物理学でよく出てくる 2 階の微分方程式で，その解は三角関数で書かれ

$$x = A\cos(\omega t + \delta) \tag{7・11}$$

の形をとる．ここで，δ は $t=0$ での位相（初期位相），ω 〔s^{-1}〕は $\omega = \sqrt{k/m}$ である．最初 ($t=0$) でばねに力を加えて，$x=x_m$ まで伸ばして手を放したとすれば，式 (7・11) に $t=0$ s，$x=x_m$〔m〕を代入して $A=x_m$ が得られるので，式 (7・11) は

$$x = x_m \cos\omega t \tag{7・11}'$$

と書ける．x_m を振幅といい，ばねは $\pm x_m$ の間で振動を続ける．ばねが x_m から運動を始めて再び x_m に戻るまでの時間を，周期 T〔s〕という．T は，式 (7・11)′ の $\cos\omega t$ の ωt に 2π を代入し，$t=T$ と置き換えることで

$$T = 2\pi\sqrt{\frac{m}{k}} \tag{7・12}$$

となる．このような周期運動を**単振動**という．ω は角振動数といわれ，単振動の振動数 ν と $\omega = 2\pi\nu$ で結ばれている．ばねの単振動の周期 T は，質量 m が大きくなれば長くなり，ばね定数 k が大きくなると短くなることがわかる．

4 摩擦がある場合の運動

〔1〕 摩擦力と摩擦係数

物体が，表面の粗い床の上，あるいは空気や水などの液体中を運動すると抵抗を受ける．この抵抗を摩擦力 f で表す．f は物体に加えた力 F の向きと逆向きに発生し，物体の動きを抑えるようにはたらく．ここでは，表面の粗い床面上の運動を例にして，摩擦力について考える．図 7・4(a) のように，物体に対して力 F を床と平行に右向きに加える．F が小さいうちは，物体は摩擦力のため動かない．動かないということは，F と f の大きさが等しく ($F=f$)，向きが互いに逆ということを意味している．

物体が静止している状態に力 F を加えたとき発生する摩擦力を静止摩擦力（あ

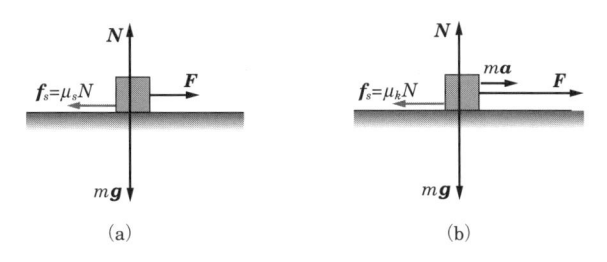

● 図 7・4　(a) 質量 m の物体 M が表面の粗い床に置かれている．これに床に平行な力 F を加える．力の大きさ F が静止摩擦力 $\mu_s N$ より小さいときは物体は動かない．
(b) F が静止摩擦力の最大を超えると物体は動き出す．その後は運動摩擦力がはたらく ●

るいは，静摩擦力）といい，f_s で表す．F が小さいうちは物体は動かなくて，$F+f_s=0$ が成り立っている．加える力を増していくと，やがて動き始める．動き始める直前で静止摩擦力は最大となる．この最大摩擦力を $f_s^{\max}$ で表すとする．$f_s^{\max}$ を超えると物体は動き始める（図 7・4(b) 参照）．いったん，動き始めると摩擦力は $f_s^{\max}$ よりも小さくなる．動いているときの摩擦力を運動摩擦力（あるいは動摩擦力）といい，f_k で表す．摩擦のある床を動いている物体は，正味の力（$F-f_k$）を受けて，力 F の向きに加速度をもつ．加速度を a とすると，a は物体にはたらく正味の力と物体の質量 m から

$$a=\frac{F-f_k}{m} \tag{7・13}$$

となり，その大きさは次式となる．

$$a=\frac{F-f_k}{m} \tag{7・13}'$$

物体の静止摩擦力の大きさ f_s は，F が小さいうちは $F=f_s$ の関係にあるが，動き出す直前で最大静止摩擦力となり，その大きさは物体に働く垂直抗力の大きさ N に比例する，として $f_s=\mu_s N$ と表される．したがって，f_s と垂直抗力 N との関係は

$$f_s \leq \mu_s N \tag{7・14}$$

と書くことができ，等号は，物体が動き始める直前の摩擦力 $f_s=f_s^{\max}$ のとき成り立つ．運動摩擦力 f_k に関しては

$$f_k=\mu_k N \tag{7・15}$$

と書くことができ，μ_s，μ_k をそれぞれ，静止（または，静）摩擦係数，運動（ま

たは，動）摩擦係数という．質量 m の物体が大きさ F の力を受けて粗い平面上を運動しているときの加速度の大きさ a は，加えた力の向きと逆向きに生ずる運動摩擦力 f_k を考慮し，$N=mg$ を使って

$$a=\frac{F-\mu_k N}{m}=\frac{F}{m}-\mu_k g \tag{7・16}$$

となる．

5 等速円運動とその応用

本節では，等速円運動にニュートンの運動の第二法則を適用する場合を考える．等速円運動は人工衛星や月・惑星の運動，また，カーブした道路上での自動車の運動や水素原子中の電子が円運動しているとした場合の運動などを考えるうえで基本的で重要な運動形態である．

〔1〕 等速円運動と向心加速度

等速円運動とは，物体が円形の軌道上を一定の速さで運動する場合をいう．例として図 **7·5**(a) のように，長さ r〔m〕の細いひもの一端に質量 m〔kg〕のボールを結びつけ，水平面内で速さ v〔m/s〕で回転させる場合を考える．ボールの速さ v は，円周上どの点でも等しいが，向きは時々刻々変わる．速度 $\boldsymbol{v}$ が時間とともに変化するため，ボールには加速度が生じる．

図 7·5(b) のように，時刻 t_1〔s〕でボールが点 A にあり，時刻 t_2〔s〕では点 B に移るとする．t_1 と t_2 の時間間隔 t_2-t_1 を Δt と表し，点 A と点 B での速度

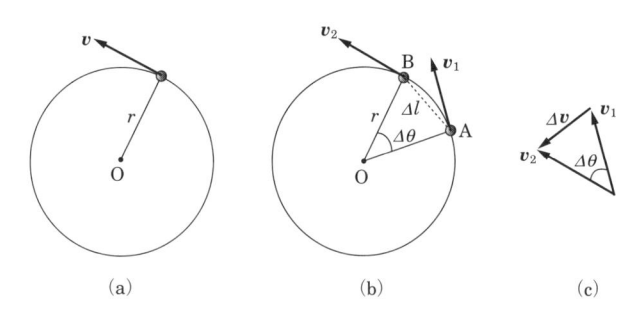

● 図 **7·5** (a) 質量 m のボールがひもにつながれ水平面内で円運動をしている．
(b) 時間 Δt の間にボールは点 A から点 B まで進む．
(c) Δt の間の速度の変化は $\Delta \boldsymbol{v}=\boldsymbol{v}_2-\boldsymbol{v}_1$．
Δt の極限で $\Delta \boldsymbol{v}$ の向きは円の中心 O に向く ●

を，それぞれ v_1, v_2 とする．v_1 と v_2 の大きさ（速さ）は等しく，$v_1=v_2=v$ で表すとする．また，円軌道の中心を O とし，線分 OA と OB のなす角度を $\Delta\theta$, そして線分 AB の長さを Δl 〔m〕とする．一方，速度差 v_2-v_1 を Δv とするとき，速度ベクトルの関係は図 7・5(c) のようになる．Δv は，時間間隔 $\Delta t\to 0$ の極限では $\Delta v\to 0$ となり，その向きは円の中心 O に向く．Δt の間の平均加速度を $\bar{a}$ とすると，$\bar{a}$ は Δv と Δt で

$$\bar{a}=\frac{\Delta v}{\Delta t} \tag{7・17}$$

と表すことができる．このように定義された $\bar{a}$ は Δv と同じ向きをもち，$\Delta t\to 0$ の極限で円軌道の中心を向く．加速度の大きさ a 〔m/s²〕を軌道半径 r と v で表すことを考える．図 7・5(b) の点 O，A，B を頂点とする三角形と図 7・5(c) の速度ベクトルがつくる三角形は，2 辺の比と 2 辺がはさむ角度が等しい，という三角形の相似条件を満たしているので，二つの三角形の辺の長さの間に次の関係が成り立つ．

$$\frac{\Delta l}{r}=\frac{\Delta v}{v} \tag{7・18}$$

いま，式 (7・18) に式 (7・17) を代入して Δv を消去すると，$\bar{a}$ について次式を得る．

$$\bar{a}=\frac{v}{r}\frac{\Delta l}{\Delta t} \tag{7・19}$$

$\Delta t\to 0$ の極限では，平均加速度の大きさ $\bar{a}$ は瞬間加速度の大きさ a となり，式 (7・14) の右辺の $\Delta l/\Delta t$ は $\lim_{\Delta t\to 0}(\Delta l/\Delta t)=v$ となる．したがって，等速円運動では中心方向を向く加速度（**向心加速度**）が発生する．この向心加速度を $\boldsymbol{a}_r$ で表し，$\boldsymbol{a}_r$ の大きさを a_r と書けば

$$a_r=\frac{v^2}{r} \tag{7・20}$$

を得る．等速円運動では，加速度は円の中心に向かい，その大きさは速さの 2 乗に比例し，半径に反比例する性質をもっている．

〔2〕 **向心力** ■■■

前項で，半径 r の円軌道上を速さ v で回転する物体の等速円運動では円の中心に向かって大きさ v^2/r の加速度が生じていることを学んだ．加速度が生じるときには，物体に力がはたらいており，等速円運動の場合にはその力を**向心力**という．図 7・5(a) に示すような，長さ r の細いひもの一端につながれた質量 m のボール

がなめらかな水平面上を速さ v で円軌道を描いて運動している場合を考える．ひもが切れれば，そのとたんボールは慣性の法則に従い，円の接線に沿う v の向きにまっすぐに飛んでいく．この直線運動に力を加えて円運動にする力が向心力であり，その大きさ F_r〔N〕は

$$F_r = ma_r = m\frac{v^2}{r} \tag{7・21}$$

である．この例では，ひもの張力 T〔N〕が向心力を与えている．回転速度を上げれば T も大きくなる．ひもが切れる限界のボールの速さは

$$m\frac{v^2}{r} = T \tag{7・22}$$

から求まり

$$v = \sqrt{\frac{Tr}{m}} \tag{7・23}$$

となる．

〔3〕 **万有引力と月の運動**

地球の周りを回っている月の運動を考える．向心力は地球が月に及ぼす万有引力である．一般に，質量 M〔kg〕，m〔kg〕をもつ二つの物体があるとき，万有引力はそれら二つの質量の積に比例し，物体間の距離 r の 2 乗に反比例する．F_r〔N〕を万有引力として式で書くと，次のようになる．

$$F_r = G\frac{Mm}{r^2} \tag{7・24}$$

式 (7・24) の右辺の比例係数 G を万有引力定数といい，その大きさは

$$G = 6.672 \times 10^{-11} \text{ N·m}^2/\text{kg}^2$$

である．いま，図 **7・6** に示すように質量 m の月が質量 M の地球の中心から R だけ離れた円軌道を回るために必要な月の速度の大きさ v を求めてみよう．月にはたらく万有引力 F_r は，式 (7・24) の M, m を地球と月の質量と考え，月の軌道半径を R とすると

$$F_r = G\frac{Mm}{R^2} \tag{7・25}$$

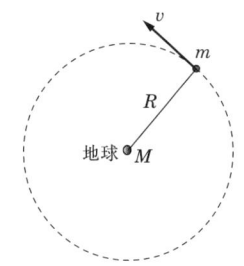

● 図 **7・6** 質量 M の地球の周りを質量 m の月が，地球の中心からの距離 R の軌道上を速度の大きさ v で回転している ●

で与えられる．ここでは，地球の質量 M と月の質量 m は，それぞれ地球および月の中心に集中しているとみなす．月が周回できるのは万有引力があり，その大きさが月にはたらく向心力と同じ大きさであるという条件，すなわち

$$G\frac{Mm}{R^2} = m\frac{v^2}{R} \tag{7・26}$$

から，月のもつべき速度の大きさは

$$v = \sqrt{\frac{GM}{R}} \tag{7・27}$$

となる．月が地球を1周するに要する時間 T_p 〔s〕（円軌道の周期という）は，軌道円周の長さ $2\pi R$ を v で割ることで求まり

$$T_p = \frac{2\pi R}{v} = \frac{2\pi R}{\sqrt{GM/R}} = \left(\frac{2\pi}{\sqrt{GM}}\right) R^{3/2} \tag{7・28}$$

となる．この式は，かつて，チコ・ブラーエの膨大な惑星運行のデータを解析したヨハネス・ケプラーが17世紀の初めに見いだした式である．惑星が太陽の周りを半径 r の円軌道を描いて回転しているとすると，どの惑星についても**周期の2乗は軌道半径の大きさ r の3乗に比例する**ことを意味している．これを惑星運動に関するケプラーの第三法則といい，万有引力によって回転運動する物体に当てはまる法則である．

■ **惑星の発見** ■

力学という学問ができたのはいつだろう．どんな教科書にもニュートンの三つの運動法則について詳しく書かれているが，ニュートンが法則としてまとめることができたのは積み上げられた観測・実験などがあったからである．紀元前5000年頃に始まるシュメール・メソポタミア，紀元前4000年頃に始まるエジプトでは星の観測から暦がつくられ，エジプトではシリウスの東天への出現が農作業の指針となっていたといわれる．惑星はいつ頃見つかったのだろうか？ ギリシャ時代にはすでに土星までの惑星が見つかっていた．参考のため，**表7·1** に太陽とこれらの惑星および月の種々のデータを示す．

紀元前400年頃活躍したプラトンは「天上で完全かつ神聖」であるべき星の中にあって不規則な運動をしている水星から土星までの星を惑星と名づけたといわれる．

7章 ニュートンの運動の法則の応用

● 表 7・1 ●

天体	質量〔kg〕	赤道半径〔m〕	自転周期 〔day：sec〕	公転周期 〔年：sec〕	太陽間距離 〔長半径：km〕
水星	3.300×10^{23}	2.439×10^6	$58.65 : 5.067 \times 10^6$	$0.241 : 7.600 \times 10^6$	0.579×10^8
金星	4.867×10^{24}	6.052×10^6	$243.02 : 2.100 \times 10^7$	$0.615 : 1.939 \times 10^7$	1.082×10^8
地球	5.972×10^{24}	6.378×10^6	$0.997 : 8.614 \times 10^4$	$1.000 : 3.154 \times 10^7$	1.496×10^8
火星	6.414×10^{23}	3.396×10^6	$1.026 : 8.865 \times 10^4$	$1.881 : 5.932 \times 10^7$	2.279×10^8
木星	1.898×10^{27}	7.149×10^7	$0.4135 : 3.573 \times 10^4$	$11.862 : 3.741 \times 10^8$	7.783×10^8
土星	5.682×10^{26}	6.027×10^7	$0.4440 : 3.836 \times 10^4$	$29.458 : 9.290 \times 10^8$	14.294×10^8
月	7.346×10^{22}	1.737×10^6	$27.322 : 2.361 \times 10^6$	$: 2.361 \times 10^6$	地球間距離： 3.844×10^5
太陽	1.988×10^{30}	6.960×10^8	$25.380 : 2.193 \times 10^6$		

上記データは 2014 年「理科年表」による．（1day＝8.64×10^4 s，1年＝3.1536×10^7 s とした．）

コペルニクス，ケプラー，ガリレイらの地動説が出るのは 16～17 世紀になってからである．それまでの間，地動説を唱える者はキリスト教の天動説に反するものとして弾圧され，ガリレイの罪が解かれたのが 1992 年というように，科学の進歩にとって厳しい時代であった．ギリシャ時代の惑星に新しい仲間が加わるのが 1781 年ハーシェルによる口径 1.2 m もある自作望遠鏡による天王星の発見である．その後，発見以前に記録されていた天王星の運行記録をニュートンの法則に当てはめて計算すると観測記録と計算に不一致が現れ，何の影響か解明するため，ある科学アカデミーは懸賞金までかけたといわれる．これを解明したのは若い科学者アダムスとルベリエで，彼らは独立に「もう一つの惑星が天王星に影響を与えているため」と提案し，1848 年ガレが新惑星を発見した．これが「海王星」である．その後，海王星の運行にもわずかな計算と観測のズレが見つかり，トンボーが 1930 年に「冥王星」を発見した．しかし，その後観測された冥王星の性質から「惑星に入れるのは適当でない」との結論が 2006 年に国際天文学連合（IAU）から下され，惑星は水星から海王星までの 8 個とされている（図 7・7）．

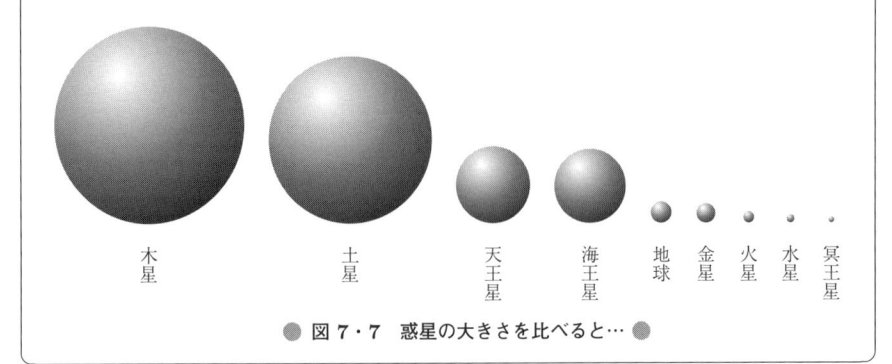

● 図 7・7 惑星の大きさを比べると… ●

まとめ

- 静止している質量 m〔kg〕の物体に力 F〔N〕がはたらくとき，物体は加速度 $a=F/m$〔m/s^2〕で力の方向に運動する．
- 質量 m_1〔kg〕，m_2〔kg〕の二つの物体がひもで結ばれている連結運動では，ひもの張力を入れた運動方程式をつくることが問題を解くヒントとなる．
- 摩擦力は物体に加える力の向きと逆向きに生じ，その大きさは静止（または，運動）摩擦係数と垂直抗力の大きさの積に比例し，$f_{s(k)}=\mu_{s(k)}\cdot N$ で表される．
- 質量 m〔kg〕の物体に一定の力 F〔N〕がはたらき，摩擦力 f_k〔N〕が生じるとき，物体の加速度の大きさは $a=(F-f_k)/m$ となる．
- ばねにつながれた質量 m〔kg〕の物体の単振動では，位置と時間の関係は三角関数で表され，$x=x_m \cos \omega t$ の形をとる．ω は，ばねに結ばれている物体の質量 m とばね定数 k で，$\omega=\sqrt{k/m}$〔s^{-1}〕と表される．x_m は最大振幅で，ばねが自然長から一番伸びた（あるいは，縮んだ）長さに対応する．
- 等速円運動では，円軌道の中心に向かう大きさ $a_r=v^2/r$〔m/s^2〕の向心加速度が生まれ，これより向心力 $F_r=mv^2/r$〔N〕が生じる．
- 質量 M〔kg〕，m〔kg〕の二つの物体が距離 r だけ離れているとき，物体間には，$F=G(Mm/r^2)$ で表される万有引力がはたらく．G は万有引力定数である．惑星運動などでは，万有引力が向心力として円運動を支える．

演習問題

問1 x-y 平面内で，質量 2 kg の物体が，x 軸方向の加速度成分 $a_x=3$ m/s^2，y 軸方向の加速度成分 $a_y=-4$ m/s^2 で運動している．これを静止させるにはどれだけの大きさの力が必要か．

問2 床面と物体の間の静止摩擦係数 μ_s は，床面をゆっくりと傾けていき，物体が滑り落ち始める角度 θ を測ると求められる．μ_s は $\mu_s=\tan \theta$ で与えられることを説明せよ．

問3 図 7·1 のような斜面を滑り落ちる物体と床面の間に動摩擦係数 μ_k が存在して摩擦力がはたらくとき
  (1) 物体の加速度の大きさを求めよ．
  (2) 水平な床までの距離 d〔m〕を滑り落ちる時間を求めよ．
  (3) 水平な床に着く直前の速度の大きさを求めよ．

問4 なめらかな面をもつ机の角に滑車が取り付けられ，滑車を通したひもの一端は

7章　ニュートンの運動の法則の応用

机の面上に置かれた質量10 kgの物体Aに結ばれ，他端には質量2 kgの物体Bがつり下げてある．

(1) 物体A，Bを静止させていた手を放すと，物体Aはどれだけの加速度で動くか．
(2) そのときのひもの張力Tはどれだけか．
(3) ひもが張力をもたないよう物体が動くためには，Aにどれだけの力をどちら向きに与えるべきか．
(4) Aと床面の間に運動摩擦係数$\mu_k = 0.05$があるとき，Bの落下する加速度a_kはどれだけか．

問5　質量の無視できるひもにつながれた$m = 5$ kgの物体が摩擦のない水平面上を半径2 mの等速円運動をしている．ひもの張力は25 kgの物体をつるすのが限界でそれ以上では切れてしまう．物体の速さはどこまで大きくできるか．

問6　質量1 000 kgの人工衛星が地球の赤道の上空600 kmで地球の周りを回転している．

(1) この人工衛星にはたらく万有引力の大きさを求めよ．
(2) 人工衛星の速さを求めよ．
(3) 地球を1周する時間を求めよ．
(4) 人工衛星のもつ加速度を求めよ．

ただし，地球半径を$R = 6\,400$ km，地球質量を$M = 5.97 \times 10^{24}$ kgとする．

問7　天井から細いひもでつるされたおもりを，最初，天井から鉛直下向きから測ってθ_0の角度に止めておき，静かに手放した．θ_0は$\sin\theta_0 \approx \theta_0$と近似できるような小さな角度とする．天井から鉛直下向きの直線を$\theta = 0$とし，時計回りに角度θを測るとして，ひもの長さをl [m]，おもりの質量をm [kg]，重力加速度をg [m/s^2] とした場合

(1) 角度θのとき，ひもにかかる張力T [N]はどれだけか．
(2) 角度θでの接線方向への加速度a_tを，lとθを使って表せ．
(3) おもりの振り子運動を表す式を書け．
(4) 往復運動の周期T_pを求めよ．

問8　電荷q [C]をもった粒子が，一様で強さE [N/C]の電界中に置かれると大きさ$F = qE$ [N]の力を受ける．電荷$e = 1.6 \times 10^{-19}$ C，質量$m = 1.67 \times 10^{-27}$ kgの粒子が置かれている空間に，x軸に沿って強さ$E = 2.5 \times 10^{-8}$ N/Cの一様な電界をかけると，粒子は力を受けて一定の加速度で走り出す．

(1) 加速度の大きさを求めよ．
(2) 走り出して1 s後の速度の大きさを求めよ．
(3) 走り出して2 s後には，止まっていた場所からどれだけ離れるか．

8章

運動量と衝突

　物体の運動を扱うのに，これまでは，物体の質量と加速度，および力を結びつけて考えてきた．しかし，もう少し力学を勉強して物体の衝突を扱うとき，質量と速度の積でつくられる**運動量**がより本質的な物理量であることを学ぶ．それは，物体の衝突が起こったとき，衝突前後で変化しない量が運動量だからである．これを運動量保存則という．運動エネルギーも衝突によって他のエネルギー（例えば，熱，音，電磁波エネルギーなど）に変わらなければ保存する量であるが，物体が破砕したり，合体したりすると保存しなくなる．本章では，まず，運動量を定義し，物体が衝突して短時間に受ける力（撃力）で運動量が変わる現象を学び，次いで，運動量保存則について学習する．さらに，物体の衝突には3種類があることを学び，完全非弾性衝突，弾性衝突の場合に，運動量や速度が衝突前後でどのように変わるか調べる．

1　運動量の定義と力積

　複数の物体が運動しているとき，これを複数の質点の集まりとみなし，これを**質点系**と呼ぶ．質点系の運動は，個々の質点のもつ質量 m と速度 $\boldsymbol{v}$ の積 $m\boldsymbol{v}$ で表される運動量 $\boldsymbol{p}$ を使うことで理解しやすくなる．質点系は外からの力がはたらかない限り，運動量を保存し，また，質点系内の個々の質点の質量が一点に集中していると仮定して，1質点の運動として理解することができる．**図 8・1** のように，速度 $\boldsymbol{v}$ で，運動している質量 m の質点の運動量 $\boldsymbol{p}$ を次のように定義する．

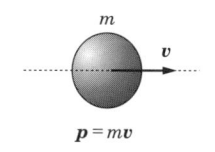

● 図 8・1　質量 m の質点が速度 $\boldsymbol{v}$ をもって運動しているとき運動量 $\boldsymbol{p}$ をもつ ●

$$\boldsymbol{p}=m\boldsymbol{v} \tag{8・1}$$

運動量はベクトルの性質をもつ物理量で，向きは速度 $\boldsymbol{v}$ と同じ向きである．単位は [kg·m/s] で，次元は $[M][L][T]^{-1}$ である．質点が二次元の x–y 平面内で運動しているとすると，運動量 $\boldsymbol{p}$ を x 軸，y 軸成分 $\boldsymbol{p}_x$，$\boldsymbol{p}_y$ に分けて次のように書くことができる．

$$p_x = mv_x, \quad p_y = mv_y \tag{8・2}$$

時間 Δt の間に,質量 m の物体の速度が $\boldsymbol{v}_1$ から $\boldsymbol{v}_2$ まで $\Delta \boldsymbol{v} = \boldsymbol{v}_2 - \boldsymbol{v}_1$ だけ変化したとすると,運動量変化 $\Delta \boldsymbol{p}$ は

$\Delta \boldsymbol{p} = \boldsymbol{p}_2 - \boldsymbol{p}_1 = m \Delta \boldsymbol{v}$ と書ける.時間変化 Δt に対する運動量変化 $\Delta \boldsymbol{p}$ は

$$\frac{\Delta \boldsymbol{p}}{\Delta t} = m \frac{\Delta \boldsymbol{v}}{\Delta t} \tag{8・3}$$

と表される.時間の変化 Δt を 0 にする極限では,式 (8・3) は

$$\lim_{\Delta t \to 0} \frac{\Delta \boldsymbol{p}}{\Delta t} = \frac{d\boldsymbol{p}}{dt} = m \lim_{\Delta t \to 0} \frac{\Delta \boldsymbol{v}}{\Delta t} = m\boldsymbol{a} \tag{8・4}$$

と書かれる.$\Delta t \to 0$ の極限では,$\dfrac{\Delta \boldsymbol{p}}{\Delta t}$ は運動量を時間で微分することに相当し,式 (8・4) の運動量の時間微分は,$m\boldsymbol{a} = \boldsymbol{F}$ と書き換えると

$$\boldsymbol{F} = \frac{d\boldsymbol{p}}{dt} \tag{8・5}$$

となる.式 (8・5) はニュートンの運動方程式のもう一つの表し方となっており,質点にはたらく力が 0 N であれば,運動量は時間変化によらず一定であることがわかる.式 (8・5) を変形して,微少な時間変化に伴う運動量変化を

$$d\boldsymbol{p} = \boldsymbol{F} dt \tag{8・6}$$

と書く.時刻 t_1 〔s〕と t_2 〔s〕の間の時間変化 $\Delta t = t_2 - t_1$ に対する運動量変化 $\Delta \boldsymbol{p}$ は,時刻 t_1 から t_2 の間に物体にはたらいた力 $\boldsymbol{F}$ を時間 t で積分して

$$\Delta \boldsymbol{p} = \boldsymbol{p}_2 - \boldsymbol{p}_1 = \int_{t_1}^{t_2} \boldsymbol{F} dt \tag{8・7}$$

と求まる.式 (8・7) の右辺は,時間間隔 $\Delta t = t_2 - t_1$ に対する力 $\boldsymbol{F}$ の**力積**と呼ばれる量で $\boldsymbol{I}$ と書く.すなわち,力積 $\boldsymbol{I}$ は質点の運動量変化分 $\Delta \boldsymbol{p}$ に等しく次のように書かれる.

$$\boldsymbol{I} = \int_{t_1}^{t_2} \boldsymbol{F} dt = \Delta \boldsymbol{p} \tag{8・8}$$

物体に運動量変化を与えるような外部からの力は**図 8・2**(a) に示すように,一般に時間とともに変化する.そこで,短時間内での運動量変化を扱うのに都合の良い平均の力 $\langle \boldsymbol{F} \rangle$ を次のように定義する.

$$\langle \boldsymbol{F} \rangle = \frac{1}{\Delta t} \int_{t_1}^{t_2} \boldsymbol{F} dt \tag{8・9}$$

1 運動量の定義と力積

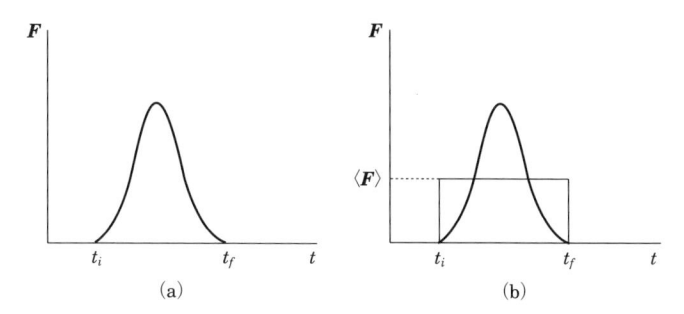

● 図 8・2　(a) は，時間とともに変わる力 F が $\Delta t = t_f - t_i$ の間はたらく場合．
(b) は (a) と同じ力積に対し平均の力 $\langle F \rangle$ が Δt の間はたらくと考えた場合 ●

$\langle F \rangle$ を使うと，式 (8·8) は

$$I = \Delta p = \langle F \rangle \cdot \Delta t \tag{8·10}$$

と書ける．$\langle F \rangle$ は，本来は時間的に変化する力 F が Δt の間に物体に力積を与えるとき，これと同じ力積を Δt の間に与える際の一定の力，と考えてよい．この事情を図 8·2(b) に示す．

　いくつかの力が物体にはたらいている中で，きわめて大きな力が短時間だけ物体に作用するような場合がある．例えば，野球のバッターが投手の投げたボールを打ち返すような場合である．ボールには，重力や空気の抵抗などさまざまな力がはたらいているが，バットが打ち返す力はそれらとは比較にならないほど大きく，かつ，短時間にはたらく．このように短時間にはたらく大きな力を **撃力** という．短時間の衝突を扱うとき，**撃力近似** の方法を使う．撃力近似では，物体が撃力を受けて時刻 t_1 と時刻 t_2 の間に運動量を p_i から p_2 に変えるとして計算する．

【例題 1】　質量 100 g のボールを 4.9 m の高さから床に落としたところ，床に衝突直前の速度の大きさの 80% の速度の大きさではね返った．ボールが床に接触していた時間は 0.02 秒であった．
　(1)　衝突による運動量変化はどれだけか．
　(2)　ボールが床に及ぼす平均の力はどれだけか．
【解答例】　(1)　ボールが床に衝突する直前の速度の大きさを求める．床に衝突するまでの時間を t [s] とすると，t は，$4.9 = (1/2) \times 9.8 t^2$ より，$t = 1$ s と求まる．衝突直前の速度の大きさを v_i [m/s] とすれば，v_i は式 (5·4)，$v = -gt$

より，$v_i=-9.8\times1=-9.8$ m/s である．はね返るときの速度の大きさを v_f とすれば，v_f は v_i の80%から，$v_f=9.8\times0.8=7.84$ m/s．向きは上向きである．上向きの単位ベクトルを $\boldsymbol{j}$ で表すと，運動量変化 $\Delta\boldsymbol{p}$ は

$$\Delta\boldsymbol{p}=m\boldsymbol{v}_f-m\boldsymbol{v}_i=0.1\times(7.84-(-9.8))\boldsymbol{j}\approx1.76\boldsymbol{j} \text{ kg·m/s}$$

(2) 式 (8·10) の $\Delta\boldsymbol{p}=\langle\boldsymbol{F}\rangle\Delta t$ より

$$\langle\boldsymbol{F}\rangle=1.76/0.02\boldsymbol{j}=88\boldsymbol{j} \text{ kg·m/s}^2=88\boldsymbol{j}\text{N}$$

2 2質点系の運動量とその保存

外からの力の影響がないところで，質量 m_1 と m_2 の二つの質点が互いに力を及ぼしている系を考える．質点1が運動量 $\boldsymbol{p}_1$ を，質点2が運動量 $\boldsymbol{p}_2$ をもっていて，時刻 t で，m_1 は m_2 に $\boldsymbol{F}_{12}$ の力を及ぼし，m_2 は m_1 に $\boldsymbol{F}_{21}$ の力を及ぼしているとする．

図 8·3 に示すように，質点1と質点2は式 (8·4) に従って，運動量の時間変化 $d\boldsymbol{p}_1/dt$ ($=\boldsymbol{F}_{12}$) および $d\boldsymbol{p}_2/dt$ ($=\boldsymbol{F}_{21}$) を受ける．外からの力ははたらいていないので，ニュートンの運動の第三法則から，$\boldsymbol{F}_{12}=-\boldsymbol{F}_{21}$ が成り立つ．すなわち

$$\boldsymbol{F}_{12}+\boldsymbol{F}_{21}=0 \tag{8·11}$$

となる．運動量を使って表すと

$$\frac{d\boldsymbol{p}_1}{dt}+\frac{d\boldsymbol{p}_2}{dt}=\frac{d(\boldsymbol{p}_1+\boldsymbol{p}_2)}{dt}=0 \tag{8·12}$$

となる．式 (8·11) は，外力のないところで二つの質点だけが力を及ぼしあっているときには，2質点の運動量の和は時間変化に関して不変である，ということを表している．すなわち，2質点の運動量の和を $\boldsymbol{P}$ とするとき

$$\boldsymbol{P}=\boldsymbol{p}_1+\boldsymbol{p}_2=\text{一定} \tag{8·13}$$

である．このことは，時刻 $t=t_i$ で質点1および質点2が運動量 $\boldsymbol{p}_{1i}$ および $\boldsymbol{p}_{2i}$ を

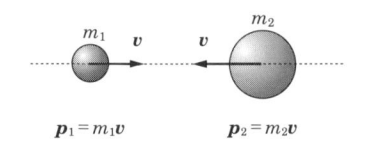

● 図 8·3 質量 m_1，m_2 の質点がそれぞれ運動量 $\boldsymbol{p}_1$，$\boldsymbol{p}_2$ をもっていて，時刻 t で互いに力 $\boldsymbol{F}_{12}$，$\boldsymbol{F}_{21}$ を及ぼしあっている ●

もち，その後，任意の時刻 t_f に，運動量 $\boldsymbol{p}_{1f}$ および $\boldsymbol{p}_{2f}$ をもっていたとすると，質点 1 と質点 2 のみの系では，つねに

$$\boldsymbol{p}_{1i}+\boldsymbol{p}_{2i}=\boldsymbol{p}_{1f}+\boldsymbol{p}_{2f} \tag{8・14}$$

が成り立つことを示している．これを**運動量保存則**という．**図 8・4** に同じ質量の乗用車が等しい速さで正面衝突した場合を示した．この運動の性質は，質点の数が増えても変わらない．

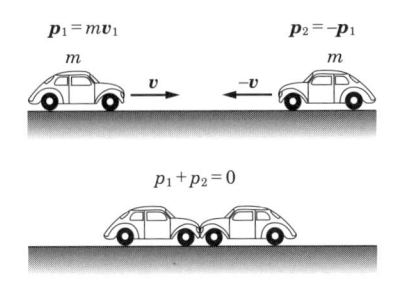

● 図 8・4　同じ質量の自動車が同じ速さで正面衝突した．両自動車の総運動量は衝突前後で変わらず 0 である ●

3　質点の衝突

図 8・5(a) のように，外から力を受けていない質量 m_1 および質量 m_2 の二つの質点が，運動量 $\boldsymbol{p}_1$ および $\boldsymbol{p}_2$ をもって一直線上を運動していて，ある瞬間に接触して力を及ぼしあう衝突過程を考える．

衝突前の質量 m_1 の質点 1 と質量 m_2 の質点 2 がもっている運動量を，それぞれ，$\boldsymbol{p}_{1i}$，$\boldsymbol{p}_{2i}$ とし，衝突後の運動量を，それぞれ，$\boldsymbol{p}_{1f}$，$\boldsymbol{p}_{2f}$ とする．衝突によって生ずる運動量変化は質点 1 と質点 2 について，それぞれ，$\Delta\boldsymbol{p}_1=\boldsymbol{p}_{1f}-\boldsymbol{p}_{1i}$ およ

● 図 8・5　質量 m_1，m_2 の質点がそれぞれ運動量 $\boldsymbol{p}_{1i}$，$\boldsymbol{p}_{2i}$ をもって衝突し，その後，$\boldsymbol{p}_{1f}$，$\boldsymbol{p}_{2f}$ をもって飛び去る ●

び $\Delta \boldsymbol{p}_2 = \boldsymbol{p}_{2f} - \boldsymbol{p}_{2i}$ となる．これより，質点1と質点2の運動量変化は式 (8・7) に従い，質点1が質点2に及ぼす力 $\boldsymbol{F}_{12}$ および質点2が質点1に及ぼす力 $\boldsymbol{F}_{21}$ を使って次のように書ける．

$$\Delta \boldsymbol{p}_1 = \int_{t_i}^{t_f} \boldsymbol{F}_{12} dt \tag{8・15a}$$

$$\Delta \boldsymbol{p}_2 = \int_{t_i}^{t_f} \boldsymbol{F}_{21} dt \tag{8・15b}$$

ニュートンの運動の第三法則 $\boldsymbol{F}_{12} = -\boldsymbol{F}_{21}$ から

$$\Delta \boldsymbol{p}_1 = -\Delta \boldsymbol{p}_2 \tag{8・16}$$

が成り立ち

$$\Delta \boldsymbol{p}_1 + \Delta \boldsymbol{p}_2 = 0 \tag{8・17}$$

の結論を得る．衝突後の2質点の運動量を図8・5(b) に示す．この結果は，衝突によって2質点の運動量変化の和は常に0で，衝突の前後で2質点の**運動量の和は保存**していることを表している．

外部の力がはたらいていない系では，物体の衝突で系の運動量は保存するが，運動エネルギーは必ずしも保存しない．それは，衝突によって，物体が変形したり，分裂したり，熱や音を出す際にエネルギーの一部が使われてしまうからである．運動量とエネルギーの両方が保存する衝突を**弾性衝突**といい，運動量は保存するが運動エネルギーは保存しない衝突を**非弾性衝突**という．衝突によって2物体が完全に一体になってしまったとき，これを**完全非弾性衝突**という．**図8・6** に3種の衝突の概念を示す．

〔1〕 **2質点の一直線上の衝突**　■ ■ ■

ここでは，質量 m_1, m_2 をもつ2質点の完全非弾性衝突の場合および弾性衝突について考える．

(a) **完全非弾性衝突**

完全非弾性衝突は図8・6(c) に示すように，衝突の後，二つの質点がくっついて一体となってしまう場合である．衝突前の質点1と質点2の質量と速度を，それぞれ，m_1, m_2 および $\boldsymbol{v}_1$, $\boldsymbol{v}_2$ とする．衝突後は一体となるので，衝突後の質点の質量は $m_1 + m_2$ となる．系の運動量は衝突で変わらないので，衝突後に一体となった質点のもつ速度を $\boldsymbol{v}_f$ とすると，次式が成り立つ．

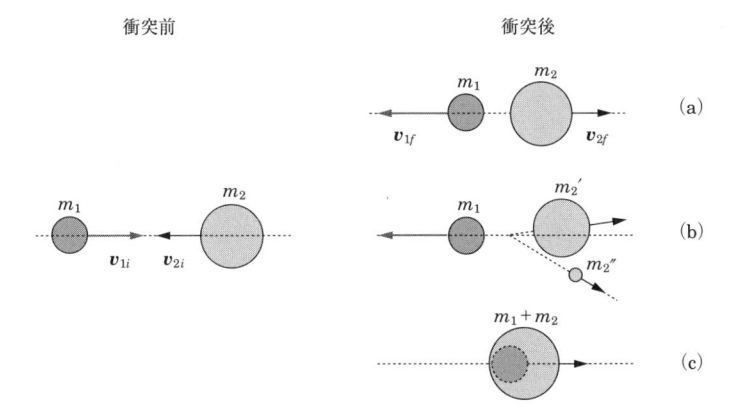

● 図 8・6 2 粒子の衝突例.
    (a) 弾性散乱の場合は運動量も運動エネルギーも保存する.
    (b) 粒子が変化するような非弾性散乱では運動量は保存するが運動エネルギーは保存しない.
    (c) 完全非弾性散乱では二つの粒子が一体となり，衝突前の運動量の大きい向きに動く ●

$$m_1\boldsymbol{v}_1 + m_2\boldsymbol{v}_2 = (m_1+m_2)\boldsymbol{v}_f \tag{8・18}$$

これより，衝突後の速度は

$$\boldsymbol{v}_f = \frac{m_1\boldsymbol{v}_1+m_2\boldsymbol{v}_2}{m_1+m_2} = \frac{\boldsymbol{p}_1+\boldsymbol{p}_2}{m_1+m_2} \tag{8・19}$$

となる．質点 1 と質点 2 が大きさが同じで互いに逆向きの運動量をもつときは，2 質点が融合してできた衝突後の質点の速度は 0 となる．

【例題 2】 速度の大きさ $10 \, \mathrm{m/s}$ で運動している質量 $5 \, \mathrm{kg}$ の物体が，静止している $15 \, \mathrm{kg}$ の物体に衝突し，一体となって走り出した．一体となった物体の速度の大きさを求めよ．

【解答例】 この衝突は完全非弾性衝突に相当するので，式 (8・18) より，$5\times10 = (5+15)v_f$ が成り立ち，$v_f = 2.5 \, \mathrm{m/s}$ と求まる．

(b) 弾性衝突

一直線上で正面衝突する 2 質点を考える．二つの質点ともに衝突前を符号 i で表し，衝突後を f で表す．衝突前後の速度を，それぞれ，$\boldsymbol{v}_{1i}$，$\boldsymbol{v}_{2i}$ および $\boldsymbol{v}_{1f}$，$\boldsymbol{v}_{2f}$ とする．速度の符号は質点が右に進むときを正，左に進むときを負とする．弾性衝突の場合には，衝突の前後で，系の運動量と運動エネルギーがともに保存

される．運動エネルギーの詳しい説明は9章4節に譲り，ここでは，運動エネルギーを

$$K = \frac{1}{2}mv^2 \tag{8・20}$$

として説明を進める．K は運動エネルギー，m, v は，それぞれ質点の質量および速度の大きさ（速さ）である．運動量と運動エネルギーが衝突の前後で保存することを式で表すと次のようになる．

$$m_1\boldsymbol{v}_{1i} + m_2\boldsymbol{v}_{2i} = m_1\boldsymbol{v}_{1f} + m_2\boldsymbol{v}_{2f} \tag{8・21}$$

$$\frac{1}{2}m_1v_{1i}^2 + \frac{1}{2}m_2v_{2i}^2 = \frac{1}{2}m_1v_{1f}^2 + \frac{1}{2}m_2v_{2f}^2 \tag{8・22}$$

式 (8・21) が運動量保存に，式 (8・22) が運動エネルギー保存に対応する．ここで，質点1および質点2が衝突の結果どのような速さをもつか見てみる．ここでの衝突は一直線上の運動なので，速度の向きは $+$，$-$ の符号で表す．式 (8・21), (8・22) を以下のように書き直す．

$$m_1(v_{1i} - v_{1f}) = m_2(v_{2f} - v_{2i}) \tag{8・21}'$$

$$m_1(v_{1i}^2 - v_{1f}^2) = m_2(v_{2f}^2 - v_{2i}^2) \tag{8・22}'$$

式 (8・22)′ を因数分解して

$$m_1(v_{1i} - v_{1f})(v_{1i} + v_{1f}) = m_2(v_{2f} - v_{2i})(v_{2f} + v_{2i}) \tag{8・22}''$$

と書く．式 (8・22)″ の両辺を式 (8・21)′ の両辺で割って整理すると

$$(v_{1f} - v_{2f}) = -(v_{1i} - v_{2i}) \tag{8・23}$$

が得られる．これから，質点1と質点2の衝突後の速さの差は，衝突前の速さの差に負号を付けたものとなることがわかる．m_1 および m_2 の衝突前の速さ v_{1i} と v_{2i} がわかっていると，v_{1f} と v_{2f} は，式 (8・21)′ と式 (8・22)″ の連立方程式を解いて

$$v_{1f} = \left(\frac{m_1 - m_2}{m_1 + m_2}\right)v_{1i} + \left(\frac{2m_2}{m_1 + m_2}\right)v_{2i} \tag{8・24}$$

$$v_{2f} = \left(\frac{2m_1}{m_1 + m_2}\right)v_{1i} + \left(\frac{m_2 - m_1}{m_1 + m_2}\right)v_{2i} \tag{8・25}$$

と求まる．式 (8・24), (8・25) を使っていくつかの衝突の型について調べることができる．

[例1] $v_{2i}=0$ とすれば，止まっている質点 2 に質点 1 が速度 v_{1i} で衝突した場合に当たる．このときは，衝突後の質点 1 と質点 2 の速度は，それぞれ

$$v_{1f}=\left(\frac{m_1-m_2}{m_1+m_2}\right)v_{1i} \tag{8・26}$$

$$v_{2f}=\left(\frac{2m_1}{m_1+m_2}\right)v_{1i} \tag{8・27}$$

となる．質点 1 と質点 2 が同じ質量 m_1 をもち，質点 2 が静止していた場合には，式 (8.26) から，$v_{1f}=0$ となり，質点 1 は止まってしまい，質点 2 が質点 1 がもっていた速度（$v_{2f}=v_{1i}$）で動く．

[例2] $m_1 \gg m_2$ の場合には，$v_{1f} \approx v_{1i}$ となり，質点 1 は衝突後も衝突前とほぼ同じ速さで動き，質点 2 は，$v_{2f} \approx 2v_{1i}$ となり，衝突した質点 1 の速さの 2 倍の速さで飛ばされることを示している．逆に，$m_2 \gg m_1$ の場合には，$v_{1f}=-v_{1i}$ となり，質点 1 は向きを変えて反対方向へ動くことを示している．質点 2 は動かない．このことは，ちょうど，物体が壁に当たってはね返される場合と同じ結果を示している．

式 (8・23) は，左辺と右辺の絶対値が同じ大きさをもつことを示しているが，これが弾性衝突の特徴を示している．非弾性衝突の場合には，衝突後を表す左辺の絶対値は衝突前を表す右辺の絶対値よりも小さくなる．衝突後の左辺を衝突前の右辺で割った比を e で表し，次式で定義する．

$$e=-\frac{v_{1f}-v_{2f}}{v_{1i}-v_{2i}} \tag{8・28}$$

この e を反発係数という．

【例題3】 ビリヤード台上を質量 250 g の白い球が速度 40 cm/s で動いている．白球の動く線上を白球と逆向きに同じ質量の赤球が速度 2.0 m/s で飛んできて正面衝突した．
  (1) 衝突後の赤球，白球の速度を求めよ．
  (2) 衝突前後の 2 球のもつ運動量を調べよ．
【解答例】 赤球の質量と初めの速度を m_1, v_{1i}，白球の質量と初めの速度を m_2, v_{2i} とする．ビリヤードの球の質量は同じで，$m_1=m_2$．赤球が進む向きを正にとると，速度は $v_{1i}=2.0$ m/s, $v_{2i}=-0.4$ m/s．赤球と白球の衝突後の速度を v_{1f}, v_{2f} とすると

(1) 式 (8·24), (8·25) から, $v_{1f}=v_{2i}=-0.4$ m/s, $v_{2f}=v_{1i}=2.0$ m/s となる. 赤球と白球の速度が入れ換わる.

(2) 全体の運動量は $m_1v_{1i}+m_2v_{2i}=m_1v_{1f}+m_2v_{2f}=0.25\times(2-0.4)=0.4$ kg·m/s で衝突前後で変わらない.

まとめ

- 運動量の時間微分は質点にはたらいた力に相当する $F=dp/dt$.
- 質点にはたらいた力の時間積分 $\int_{t_1}^{t_2} F dt$ は運動量変化 Δp に相当し, その積分値を力積 I という.
- 2質点のみが相互作用し, 外部からその2質点に外力がはたらかないとき, 2質点のもつ運動量の和は相互作用の前後で変わらない. これを運動量保存則という. 質点の数が増えた場合も外部から外力がはたらかないときは運動量保存則が成り立つ.
- 2質点の衝突には2種類の型がある. 運動量保存則, エネルギー保存則ともに満たす場合を弾性衝突といい, 運動量保存則は満たすがエネルギー保存則は満たさない場合を非弾性衝突という. 衝突の後2質点が融合して一体となる場合を完全非弾性衝突という.
- 完全非弾性衝突の結果, 一体となった質点の速度は衝突前の質点の運動量の和を2質点の和で割ることで求まる.

$$v_f = \frac{p_1+p_2}{m_1+m_2}$$

演習問題

問1 速度 36 km/h で走っている 7.5 t のダンプカーの運動量と同じ運動量をもつ 1500 kg の乗用車の速度はどれだけか.

問2 質量 5 kg の物体が x–y 平面内を速度 $v=5i-2j$ 〔m〕で動いている.
(1) 運動量の x, y 成分を求めよ.
(2) 運動量の大きさを求めよ.

問3 野球の投手が質量 200 g のボールを速さ 144 km/h のスピードで投げた. バッターがこれをヘッドスピード 180 km/h のスイングでバットの真っ芯に当ててボールの来た方向に打ち返した.

(1) ボールに与えられた運動量変化はどれだけか．

(2) ボールがバットに接触していた時間が 5 ミリセカンド（ms）とすると，バットがボールに及ぼす平均の力はどれだけか．

問 4 (1) 質量 $m_1=3.5$ kg の物体が一直線上を，速度 8 m/s で走っている．同じ直線上を後から質量 $m_2=0.5$ kg，速度 20 m/s の物体が追いついてきて衝突し一体となった．一体となった物体の速度はどれだけか．

(2) 質量 $m_1=3.5$ kg の質点 A が一直線上を，速度 8 m/s で走っている．同じ直線上を後から質量 $m_2=0.5$ kg，速度 20 m/s の質点 B が追いついてきて弾性衝突した．衝突後の質点 A と B の速度を求めよ．

(3) 質量 $m_1=3.5$ kg の質点 A が一直線上を，速度 8 m/s で走っている．同じ直線上を質量 $m_2=0.5$ kg，速度 20 m/s の質点 B が A と逆向きに走ってきて弾性的に正面衝突した．衝突後の質点 A と B の速度を求めよ．

9章

仕事とエネルギー

　私達は日常生活でもエネルギーという言葉を使っている．機械や電気製品に何らかの動作や作業をさせるためには，その源となるエネルギーが必要である．電池は物質がもつ化学エネルギーを電気エネルギーに変えるもので，電池をモータに接続すれば，電気エネルギーでモータが回転し，電気自動車を走らせることができる．

　化学エネルギーや電気エネルギーのように**エネルギー**にはさまざまな種類があって，その種類が移り変わる．エネルギーという物理量は，力学や電磁気などの物理学分野だけでなく広い範囲の自然現象を理解するために有効な考え方である．

　本章では，まず物体がもつエネルギーを増減させる役割をもつ，**仕事**という量について学ぶ．次に，エネルギーの種類の中でも最も基本的な**運動エネルギー**と仕事との関係を理解する．

1　仕事の定義

　図 9・1 のように，物体に一定の大きさ F〔N〕の力をはたらかせて，その力の向きに s〔m〕だけ動かすとき，その力がした仕事（work）を

$$W = Fs \tag{9・1}$$

で定義する．

　仕事の単位は，$W=Fs$ の式から決められる．力が $F=1\,\mathrm{N}$，移動させた距離が $s=1\,\mathrm{m}$ のとき，仕事 W の単位は $1\,\mathrm{N} \times 1\,\mathrm{m} = 1\,\mathrm{N \cdot m}$ となる．この〔N·m〕を新しい単位〔J〕で置き換え，これをジュールと呼ぶ．すなわち，$1\,\mathrm{N \cdot m} = 1\,\mathrm{J}$ と定義する．

● 図 9・1　力と移動方向が平行 ●　　　　● 図 9・2　力と移動方向が垂直 ●

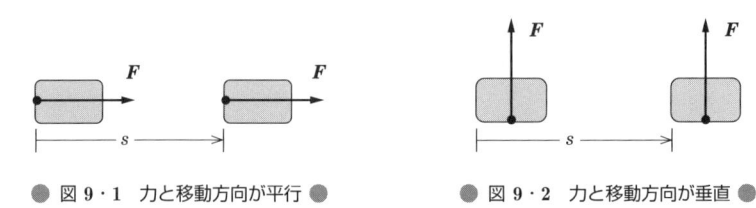

図 9・2 のように，加えた力と垂直な向きに物体が移動したとき，その力がした仕事は 0 と定義する（運動の向きと力の向きとは直接関係ないので，なめらかで水平な床を滑っている物体に作用する垂直抗力のように運動と力の向きが直交する場合もある）．本章 4 節で詳しく説明するが，加えた力の向きと動く向きが直交する場合はエネルギーが変化しないからである．

これらのことをまとめて，仕事を次のように定義する．図 9・3 のように物体に一定の力 $\boldsymbol{F}$〔N〕をはたらかせて，その力の向きと角度 θ〔rad〕をなす方向に s〔m〕だけ移動させたとき，この力がした仕事 W〔J〕を

$$W = Fs \cos\theta \tag{9・2}$$

とする．このように書けるのは，力 $\boldsymbol{F}$ を移動方向の成分 $F\cos\theta$ とそれに垂直な成分 $F\sin\theta$ に分解したとき，移動方向の成分 $F\cos\theta$ だけが仕事をして，$W = (F\cos\theta)\cdot s = Fs\cos\theta$ となり，垂直成分は $\theta = \pi/2$ より $\cos\theta = 0$ となり，仕事をしたことにならないからである．

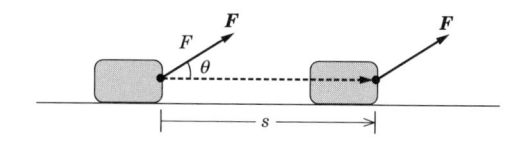

● 図 9・3　移動方向と角度 θ 傾いた向きに力を加えて移動させる ●

また，定義式 (9・1) または式 (9・2) からわかるように，力を加えても物体が移動しなければ，その力は仕事をしない．日常的には，重い荷物をもってじっと立っているだけでも疲れるし，仕事をしたように感じる．しかし，物理学の定義では仕事は 0 である．

力学における仕事の意味は，日常の生活で用いる仕事の意味とは異なることが多いので，定義式 (9・2) と図 9・3 のイメージから，仕事の定義を正しく理解しておくことが重要である．

2　仕事の表し方

前節で，仕事 W を力の移動方向成分 $F\cos\theta$ と移動距離 s との積 (9・2) で定義した．力をベクトル $\boldsymbol{F}$ で，また移動距離をベクトル $\boldsymbol{s}$（これを変位ベクトルといい，大きさが s で移動方向に向きをとる）で表し，$\boldsymbol{F}$ と $\boldsymbol{s}$ を用いて仕事 W を

$$W = \boldsymbol{F} \cdot \boldsymbol{s} \equiv Fs \cos\theta \tag{9・3}$$

と表すことができる．この $\boldsymbol{F} \cdot \boldsymbol{s}$ をベクトル $\boldsymbol{F}$ と $\boldsymbol{s}$ のスカラー積または内積といい，図 9・4 のような性質をもつ．

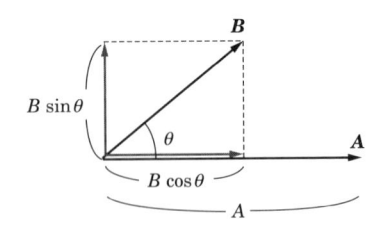

● 図 9・4　二つのベクトル $\boldsymbol{A}$ と $\boldsymbol{B}$ のスカラー積は，平行な成分の掛け算 ●

一般的に，二つのベクトル $\boldsymbol{A}$ と $\boldsymbol{B}$ があるとき，$\boldsymbol{A}$ と $\boldsymbol{B}$ のスカラー積を

$$\boldsymbol{A} \cdot \boldsymbol{B} \equiv AB \cos\theta \tag{9・4}$$

で定義する．θ はベクトル $\boldsymbol{A}$ とベクトル $\boldsymbol{B}$ の間の角度で，A と B はベクトル $\boldsymbol{A}$ とベクトル $\boldsymbol{B}$ の大きさである．ベクトル $\boldsymbol{A}$ と $\boldsymbol{B}$ が直交する（$\theta = \pi/2\,[\mathrm{rad}]$）ときは，$\cos \pi/2 = 0$ から $\boldsymbol{A} \cdot \boldsymbol{B} = 0$ となる．

スカラー積 $\boldsymbol{A} \cdot \boldsymbol{B}$ の性質として，定義式 (9・4) からわかるように

$$\boldsymbol{A} \cdot \boldsymbol{B} = \boldsymbol{B} \cdot \boldsymbol{A} \tag{9・5}$$

のように，積の順序を交換することができる．これを交換則が成り立つという．また，

$$\boldsymbol{A} \cdot (\boldsymbol{B} + \boldsymbol{C}) = \boldsymbol{A} \cdot \boldsymbol{B} + \boldsymbol{A} \cdot \boldsymbol{C} \tag{9・6}$$

のように，分配則を用いて括弧をはずすこともできる．これを分配則が成り立つという．このスカラー積を用いて仕事を式 (9・3) の形で表しておくと，仕事量の計算に大変便利である．いま，ベクトル $\boldsymbol{A}$，$\boldsymbol{B}$ が直交する x 軸，y 軸で表される二次元平面内にあるとする．x 軸，y 軸の正の向きの単位ベクトルを $\boldsymbol{i}$，$\boldsymbol{j}$ とする．

ベクトル $\boldsymbol{A}$ および $\boldsymbol{B}$ を，成分を用いて

$$\boldsymbol{A} = A_x \boldsymbol{i} + A_y \boldsymbol{j} = (A_x, A_y)$$

$$\boldsymbol{B} = B_x \boldsymbol{i} + B_y \boldsymbol{j} = (B_x, B_y)$$

と表したとき，$\boldsymbol{A}$ と $\boldsymbol{B}$ のスカラー積

$$\boldsymbol{A} \cdot \boldsymbol{B} = (A_x \boldsymbol{i} + A_y \boldsymbol{j}) \cdot (B_x \boldsymbol{i} + B_y \boldsymbol{j})$$

は，単位ベクトルのスカラー積の性質 $\boldsymbol{i}\cdot\boldsymbol{i}=1\times 1\times\cos 0=1$，$\boldsymbol{j}\cdot\boldsymbol{j}=1$ および $\boldsymbol{i}\cdot\boldsymbol{j}=1\times 1\times\cos(\pi/2)=0$，$\boldsymbol{j}\cdot\boldsymbol{i}=0$ を用いて

$$\boldsymbol{A}\cdot\boldsymbol{B}=A_xB_x+A_yB_y \tag{9・7}$$

と表せることがわかる．力を $\boldsymbol{F}=F_x\boldsymbol{i}+F_y\boldsymbol{j}$，変位を $\boldsymbol{s}=\Delta x\boldsymbol{i}+\Delta y\boldsymbol{j}$ で表すと，仕事は (9・7) の表現を用いて

$$W=\boldsymbol{F}\cdot\boldsymbol{s}=F_x\Delta x+F_y\Delta y \tag{9・8}$$

と書ける．

3 重力とばねのする仕事

質量 m 〔kg〕の物体を，重力加速度 $\boldsymbol{g}$ が一定とみなせる領域の中で静かに放し，h 〔m〕落下する間に重力がする仕事を考えよう（図 9・5）．

重力 $\boldsymbol{F}=m\boldsymbol{g}$ は大きさ $F=mg$ をもち，常に鉛直下向きを向くので，重力の向きと物体の移動方向との間の角度は $\theta=0$ である．したがって，物体が鉛直下向きに h 〔m〕だけ落下する間に，重力がする仕事は

$$W=Fh\cos 0=mgh \tag{9・9}$$

となる．

● 図 9・5 重力がする仕事 ●

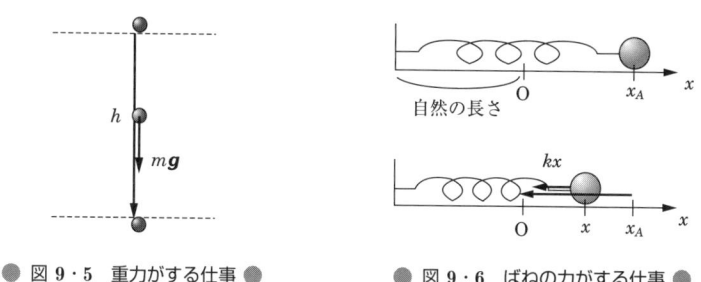

● 図 9・6 ばねの力がする仕事 ●

次に，一方を壁に固定したばねの他端につながれた物体を移動させたときの，ばねの力（弾性力）がする仕事を考えよう（図 9・6）．

ばねは水平な床に置かれ，床に沿って x 軸をとる．

ばねが自然の長さになっている位置を $x=0$ とし，$x=0$ から測った物体の変位を x，ばね定数を k とする．弾性力がはたらく向きは変位方向と逆向きなので，弾性力は

$$F_x = -kx \tag{9・10}$$

で表される．

物体が $x = x_A$ から $x = 0$ まで移動するときに，弾性力がする仕事 W を求める．弾性力 (9・10) は物体の位置 x によって変化するので，力が一定である場合の仕事の定義式 (9・2) をそのまま使って，仕事 W を求めることはできない．しかしこの場合でも，物体の移動を非常に小さな変位 Δx [m] に分割して考えれば，位置 x から Δx だけ移動させる間の力の変化は非常に小さく，弾性力は $-kx$ で一定とみなせるので，この間の微小な仕事 ΔW は式 (9・2) を使って

$$\Delta W = F_x \cdot \Delta x = -kx \cdot \Delta x \tag{9・11}$$

で表される（変位 x は $x = x_A$ から $x = 0$ に向かって減少しているので，その変化分 Δx は負の符号（$\Delta x < 0$）をもつことに注意する）．

弾性力がする仕事 W は，この微小な仕事 ΔW をすべて足し合わせて

$$W \approx \sum_{i=1}^{n} \Delta W_i = \sum_{i=1}^{n} (-kx_i) \Delta x \tag{9・12}$$

で求められる．微小仕事 ΔW_i は，**図 9・7** に示したグラフの細長い長方形の面積である．微小な変位 Δx の絶対値を十分に小さくしていった極限では，式 (9・12) の和 W は積分を用いて次のように表すことができる．

$$W = \lim_{\Delta x \to 0} \sum_{i=1}^{n} (-kx_i) \Delta x = \int_{x_A}^{0} (-kx) dx = \int_{0}^{x_A} (kx) dx$$

この仕事 W は**図 9・8** のグラフの灰色（アミがけ）部分で示した三角形の面積に等しくなる．したがって，ばねの弾性力がする仕事は

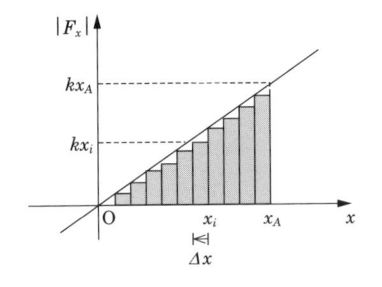

● 図 9・7　微小な変位 Δx に分割して仕事を求める ●

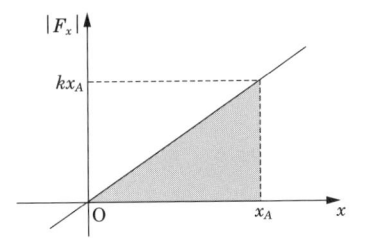

● 図 9・8　$|\Delta x| \to 0$ のとき，仕事は灰色部分の面積に等しい ●

$$W = \frac{1}{2}(kx_A)x_A = \frac{1}{2}kx_A^2 \tag{9・13}$$

となる．

4 仕事と運動エネルギーの関係

　自由落下する物体に対して重力がする仕事が，どのような意味をもっているのか考えてみよう．重力のみが作用して自由落下する物体の加速度の大きさは g である．鉛直下向きを座標軸の正の向きにとり，初速度を v_1 とすると，5 章 1 節で学んだ式 (5・1), (5・2) の v_0 を v_1 に，v を v_2 に変え，$-g$ を g に変えることで，落下を始めてから t 秒後の物体の速度 v_2 と落下距離 h を次のように書くことができる．

$$v_2 = v_1 + gt$$
$$h = v_1 t + \frac{1}{2}gt^2$$

この二つの関係式から時間 t を消去すれば

$$h = v_1\left(\frac{v_2 - v_1}{g}\right) + \frac{1}{2}g\left(\frac{v_2 - v_1}{g}\right)^2 = \frac{v_2^2}{2g} - \frac{v_1^2}{2g}$$

となる．この式の両辺に mg を掛けると，h だけ落下する間に重力がする仕事 W が，式 (9・9) から次式のように求められる．

$$W = mgh = \frac{1}{2}mv_2^2 - \frac{1}{2}mv_1^2 \tag{9・14}$$

このように，重力がする仕事 $W = mgh$ は物理量 $(1/2)mv^2$ を，$(1/2)mv_1^2$ から $(1/2)mv_2^2$ へと変化させることがわかる．

　ここで，質量 m 〔kg〕の物体が速さ（速度の大きさ）v 〔m/s〕で運動するとき，物体がもつ運動エネルギー K を

$$K = \frac{1}{2}mv^2 \tag{9・15}$$

で定義する．式 (9・14) は，自由落下で重力が物体にする仕事が物体の運動エネルギーに変化することを表している．質量 $m = 1$ kg の物体が速さ $v = 1$ 〔m/s〕で運動するときの運動エネルギー K は，$K = \frac{1}{2} \times 1 \text{ kg} \times (1 \text{ m/s})^2 = 0.5 \text{ kg·m}^2/\text{s}^2 = 0.5 (\text{kg·m/s}^2)\cdot\text{m} = 0.5 \text{ N·m} = 0.5 \text{ J}$ となる．運動エネルギーの単位は，仕事の単位と同じジュールである．

運動エネルギー K は，スカラー量である．また，その値は物体の質量と速さ（速度 $\boldsymbol{v}$ の大きさ）v にのみ関係し，速度 $\boldsymbol{v}$ の向きには依存しないことにも注意すべきである．

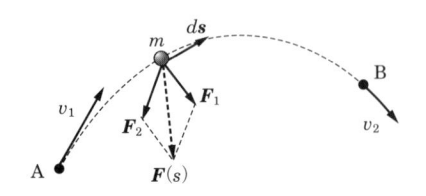

● 図 9・9　物体が曲線上を運動し，合力 $\boldsymbol{F}$ の大きさや向きが一定でない場合 ●

一般的に，図 9・9 のように質量 m の物体が，複数の力 $\boldsymbol{F}_1$, $\boldsymbol{F}_2$,… を受けながら，点 A から点 B まで運動する場合を考える．物体が進む経路を C とする．経路 C の上の点 s で物体は力 $\boldsymbol{F}(s)$ を受け，微小変位 $d\boldsymbol{s}$ だけ動くとすると，A から B まで運動する間に合力 $\boldsymbol{F} = \boldsymbol{F}_1 + \boldsymbol{F}_2 \cdots$ がした仕事 W は，$W = \int_A^B \boldsymbol{F}(s) \cdot d\boldsymbol{s}$ となり，この仕事が物体のもつ運動エネルギーの変化に等しくなる．すなわち，点 A および点 B での速さをそれぞれ v_1, v_2 とすると

$$W = \frac{1}{2}mv_2^2 - \frac{1}{2}mv_1^2 \tag{9・16}$$

となる．点 A および点 B での運動エネルギーの値をそれぞれ $K_1 = (1/2)mv^2$，$K_2 = (1/2)mv^2$ と置くと

$$W = K_2 - K_1 \tag{9・17}$$

の関係が成り立つ．合力 $\boldsymbol{F}$ がする仕事 W は，スカラー積の性質 (9・6) より，個々の力 $\boldsymbol{F}_1$, $\boldsymbol{F}_2 \cdots$ がする仕事 W_1, W_2, $\cdots$ の和 $W = W_1 + W_2 + \cdots$ によって求めることができる．

式 (9・16) または式 (9・17) は，**仕事-エネルギー定理**といわれ，仕事とエネルギーの関係を理解するうえで大変重要な関係式である．ここで，物理学における仕事 W が物体がもつエネルギー（ここでは運動エネルギー）を変化させる役割をもつ量であることを，しっかりと理解しておこう．

5 仕　事　率

【例題 1】　質量 1 500 kg の自動車が 108 km/h の速さで走行している．この自動車の運動エネルギーを求めよ．また停止していた自動車をこの速さまで加速するために必要な仕事を求めよ．

【解答例】　まず，すべての量を SI 単位で表す．速さ 108 km/h は

$$\frac{108 \text{ km}}{1 \text{ h}} = \frac{108 \times 1\,000 \text{ m}}{60 \times 60 \text{ s}} = 30\frac{\text{m}}{\text{s}} = 30 \text{ m/s}$$

である．したがって，運動エネルギーは

$$K_2 = \frac{1}{2}mv^2 = \frac{1}{2} \times 1\,500 \text{ kg} \times (30 \text{ m/s})^2 = 6.75 \times 10^5 \text{ J}$$

である．また，停止しているときは $K_1 = 0$ だから，式 (9・17) の関係より

$$W = K_2 - K_1 = 2.7 \times 10^6 \text{ J}$$

の仕事が加速するために必要である．

次に，図 9・10 のように，ひもの張力のみを受けて O 点を中心に速さ v の等速円運動している質量 m の物体を考えよう．このとき張力 $\boldsymbol{F}$ は常に円の中心 O を向き，物体の運動方向とは常に垂直 ($\theta = 90°$) である．したがって，張力がする仕事は $W = 0$ であり，物体の運動エネルギーを変化させない．A 点から B 点まで等速円運動しても物体の速さ v は変化しないので，確かに

$$0 = W = \frac{1}{2}mv^2 - \frac{1}{2}mv^2 = 0$$

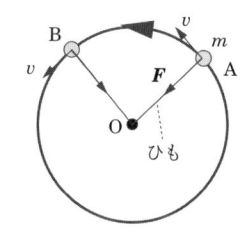

● 図 9・10　ひもの張力のみを受けて等速円運動している物体 ●

の関係が成り立っている．このことから，本章 1 節で力が移動方向と垂直にはたらくときの仕事を 0 と定義したことの意味がわかる．

5　仕　事　率

モータを使って物体を持ち上げるとき，物体にする仕事の大きさが同じであっても，その仕事をどれだけの時間をかけて行うのかで，仕事の能率は変わってくる．仕事をどんな時間的割合で行うのかを表す量を仕事率 (power) と呼び，Δt

〔s〕間で ΔW〔J〕の仕事をするとき，平均の仕事率 $\overline{P}$ を

$$\overline{P} = \frac{\Delta W}{\Delta t} \tag{9・18}$$

で表す．

$\Delta t = 1\,\mathrm{s}$ の間に $\Delta W = 1\,\mathrm{J}$ の仕事をするとすれば，$\overline{P} = 1\,\mathrm{J}/1\,\mathrm{s} = 1\,\mathrm{J/s}$ となり，仕事率の単位は〔J/s〕である．これを〔W〕という新しい単位を導入し，ワットと呼ぶ．

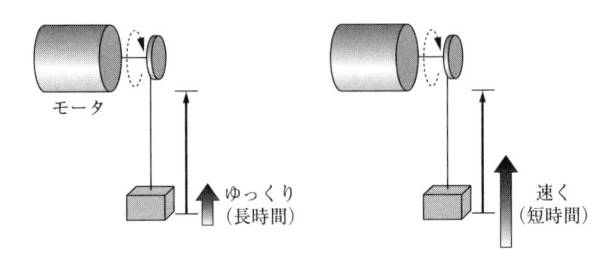

● 図 9・11 同じ仕事を長時間かけて行う場合と，短期間で行う場合 ●

瞬間の仕事率 P は，仕事率を十分に短い時間 dt（$\Delta t \to 0$ の極限）に対する仕事率と定義し

$$P = \lim_{\Delta t \to 0} \frac{\Delta W}{\Delta t} = \frac{dW}{dt} \tag{9・19}$$

と，時間による仕事の微分を用いて表される．

微小時間 dt の間にした微小な仕事 dW は，加えた力 $\boldsymbol{F}$ と微小な変位 $d\boldsymbol{s}$ を用いて $dW = \boldsymbol{F} \cdot d\boldsymbol{s}$ と表せる．したがって，瞬間の仕事率 P は

$$\begin{aligned}P &= \frac{dW}{dt} = \frac{\boldsymbol{F} \cdot d\boldsymbol{s}}{dt} = \boldsymbol{F} \cdot \frac{d\boldsymbol{s}}{dt} \\ &= \boldsymbol{F} \cdot \boldsymbol{v}\end{aligned} \tag{9・20}$$

と書くことができ，物体に作用する力 $\boldsymbol{F}$ と瞬間の速度 $\boldsymbol{v}$ とのスカラー積で表すことができる．同じ仕事でも，短時間で物体をすばやく移動させるほど，仕事率 P が大きくなることを意味している．

まとめ

- 質点に一定の力 F が作用して s だけ移動したとき F がする仕事
  $$W = Fs\cos\theta = \boldsymbol{F}\cdot\boldsymbol{s}$$
- 速さ v で運動する質量 m の質点の運動エネルギー
  $$K = \frac{1}{2}mv^2$$
- 仕事とエネルギーの単位：〔J〕（ジュール）
- 仕事とエネルギーの関係：質点に作用するすべての力の合力 F がする仕事 W は質点の運動エネルギーの変化に等しい．
  $$W = K_2 - K_1 = \frac{1}{2}mv_2^2 - \frac{1}{2}mv_1^2$$
- 仕事率は行われる仕事の時間的割合
  $$P = \frac{dW}{dt}$$
  仕事率の単位：〔W〕（ワット）

演習問題

問1 質量 40 kg の物体を，傾斜角 $\pi/3$〔rad〕のなめらかな斜面に沿って，加速しないようにゆっくり 6.0 m 押し上げた．斜面に沿って力を加えたとして，加えた力の大きさと，その力がした仕事を求めよ．

問2 150 g のボールを，地面と $\pi/6$〔rad〕の角をなす方向に，速さ 30 m/s で投げた．投げた直後にボールがもつ運動エネルギーを求めよ．

問3 1 000 kg の自動車が，水平な道路を 54 km/h で走っていた．ブレーキをかけると，その後 25 m 走行して停止した．停止するまでの間に自動車には一定の大きさの動摩擦力が作用したとする．動摩擦力の大きさと，自動車と道路の間の動摩擦係数を求めよ．初めの走行スピードが 2 倍であったとき，停止するまでの走行距離はどうなるか．

問4 クレーンが 2 000 kg の物体を，一定の速さ 2.0 m/s で 30 m 持ち上げた．クレーンがした仕事と仕事率を求めよ．

10章

位置エネルギーとエネルギー保存

床にある荷物を棚に移動するとき，人間は仕事をしたことになる．しかし，棚に置かれた荷物の運動エネルギーは増加していない．重力に逆らって荷物を持ち上げるとき，荷物は仕事をされたことになり，荷物にはたらく重力が負の仕事をしたことになる．このとき，人間がした仕事が荷物にエネルギーとして蓄えられたと考えてみたらどうであろう．この発想の転換により，エネルギーの種類に位置エネルギーという新しいエネルギーを加えることができる．

1 重力による位置エネルギー

図 10·1 のように，点 O に置かれた質量 m〔kg〕の物体に力 $\boldsymbol{F}$ を加え，加速しないようにゆっくりと，点 O から真上に h〔m〕高い点 A まで持ち上げる．この間に力 $\boldsymbol{F}$ がした仕事を考えよう．鉛直上向きを y 軸の正にとり単位ベクトル $\boldsymbol{j}$ で表すと，重力加速度は鉛直下向きで $\boldsymbol{g}=-g\boldsymbol{j}$ である．

ゆっくりと持ち上げるので，物体の加速度は 0 とみなしてよい．したがって

$$\boldsymbol{F}+m\boldsymbol{g}=0, \quad \therefore \quad \boldsymbol{F}=-m\boldsymbol{g}$$

が成り立つ．持ち上げるための力 $\boldsymbol{F}$ は重力 $m\boldsymbol{g}$ と大きさ（$=mg$）が等しく向きが反対の力である．力 $\boldsymbol{F}$ の大きさを $F=mg$，O から A へ移動する変位を $\boldsymbol{s}$ とすれば $\boldsymbol{F}$ と $\boldsymbol{s}$ のなす角は 0 rad なので，物体を持ち上げる力 $\boldsymbol{F}$ がする仕事 W は

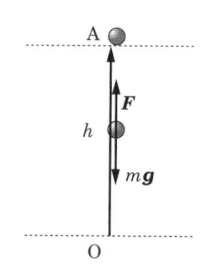

● 図 10·1 重力に逆らって物体をゆっくりと持ち上げる ●

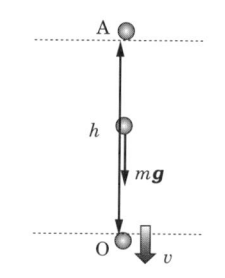

● 図 10·2 落下により mgh だけ運動エネルギーが増える ●

116

$$W = \boldsymbol{F} \cdot \boldsymbol{s} = mg\boldsymbol{j} \cdot h\boldsymbol{j} = mgh \cos 0 = mgh \tag{10・1}$$

である．9章で学んだように，仕事は物体がもつエネルギーを変化させる役割があるので，重力に逆らって物体を持ち上げるために力 $\boldsymbol{F}$ がしたこの仕事 W も，ある種のエネルギーを増やしたと考えることにする．この仕事 W によって変化したエネルギーの種類を重力による位置エネルギーと呼んで

$$U = mgh \tag{10・2}$$

で定義する．基準点 O から h [m] だけ高い位置に置かれた質量 m [kg] の物体は，$U = mgh$ [J] の重力による位置エネルギーをもっているという．重力による位置エネルギーの大きさは，基準点からの高さだけで決まるという性質をもっている．

この重力による位置エネルギーは，9章4節で求めたように，高さ h の点 A から基準点 O まで落下するときに重力がする仕事 mgh に等しい．物体が落下すると，重力がする仕事の分 (mgh) だけ運動エネルギー $K = (1/2)mv^2$ が増加する（図 10・2）．高さ h の位置に置かれた物体は，基準点にもどるまでに重力がする仕事の分だけ，秘められたエネルギー U をもっているのだと考え，そのエネルギーが落下する間に運動エネルギー K に変化すると考えるのである．このことから，位置エネルギーをポテンシャルエネルギーまたは単にポテンシャルとも呼ぶ（ポテンシャル＝潜在的な，可能性のある，を意味する言葉）．

② 力の性質：保存力と非保存力

ここでは一般的な力による位置エネルギー（ポテンシャルエネルギー）を考えるために，重力がもつ特別な性質について考えてみる．図 10・3 のように，質量 m [kg] の物体が，いくつかの異なる経路を通って，高さが h だけ異なる 2 点 AB

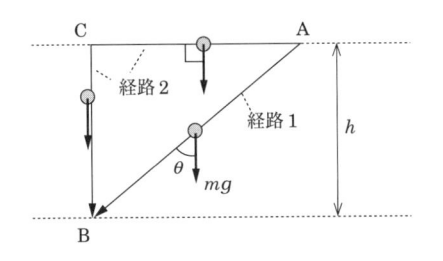

● 図 10・3　重力がする仕事は，移動経路によらず同じ値になる ●

間を移動するときに重力がする仕事を考えよう．

まず点 A から点 B まで経路 1 を通って A から B へと移動するときの仕事 W_1 を考える．W_1 は，AB 間の距離を s_{AB} [m]，重力と移動方向がなす角度を θ とすると

$$W_1 = mgs_{AB}\cos\theta = mgh$$

となる．一方，点 B から真上に点 C をとり，ACB と移動する経路 2 を通った場合の仕事 W_2 を考える．経路 ACB を経路 AC および CB の二つに分けて考える．AC 間および CB 間の距離をそれぞれ s_{AC} [m] と s_{CB} [m] とし，$\cos(\pi/2) = 0$ を考慮すれば，経路 AC では $\theta = \pi/2$ [rad]，経路 CB では $\theta = 0$ rad のため，AC 間は仕事に寄与せず，CB 間のみが寄与する．したがって

$$W_2 = mgs_{AC}\cos\frac{\pi}{2} + mgs_{CB}\cos 0 = mgh$$

となる．このように経路 1 を通っても経路 2 を通っても，重力がする仕事はどちらも mgh となる．このように，どのような経路を通ろうとも，決まった 2 点間を移動するときに重力がする仕事は同じ値となるという性質がある．

重力のように，「力がする仕事が途中の経路に依存しない」とき，この種類の力を**保存力**と呼ぶ．保存力の性質は位置エネルギーを考えるときに重要になる．

次に，摩擦がある水平面上で物体を移動させるとき，動摩擦力がする仕事を考えよう．図 10・4 のように，2 点 AB 間を異なる二つの経路を通って移動させる．面と物体との間の動摩擦係数を μ_k，垂直抗力の大きさを N とすれば，動摩擦力の大きさは $f = \mu_k N = \mu_k mg$ で一定となる．

まず，点 A から点 B まで経路 1 を通って移動するときの仕事 W_1 は，AB 間の距離を s_{AB} として，動摩擦力の向きと移動方向とが逆になること（動摩擦力の向

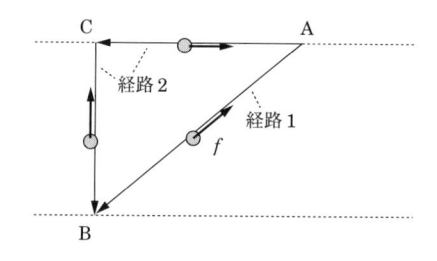

● 図 10・4　動摩擦力がする仕事は，移動経路によって異なる値となる ●

きと移動方向との間の角度が π [rad]) を考慮すれば

$$W_1 = fs_{AB}\cos \pi = -fs_{AB}$$

となる．一方，点 C を経由して移動する経路 2 を通った場合の仕事 W_2 は，AC 間および CB 間の距離をそれぞれ s_{AC} と s_{CB} とすれば

$$W_2 = fs_{AC}\cos \pi + fs_{CB}\cos \pi = -f(s_{AC}+s_{CB})$$

となる．明らかに経路 1 と経路 2 では移動距離が異なり，$s_{AB} < s_{AC}+s_{CB}$ であるので，摩擦力のする仕事は経路によって異なり，$W_1 \neq W_2$ である．このように，動摩擦力がする仕事は，決まった 2 点間を移動するときでも，途中の経路によって異なる値となることがわかる．

動摩擦力のように，「力がする仕事が途中の経路に依存する」とき，この種類の力を**非保存力**と呼ぶ．

3 位置エネルギーの定義

ある力が保存力という性質をもつ力の場合は，重力と同様に位置エネルギーを定義することができる．

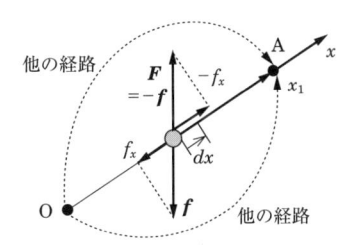

● 図 10・5 保存力 f がはたらく空間内の点 A に置かれた物体がもつ位置エネルギーの計算．ほかの経路を用いて求めても値は変わらない ●

保存力 f がはたらく空間内の点 A に物体を置く．点 O を基準点とし，点 O から点 A への向きを x 軸の正の向きとする．点 A に置かれた物体がもつ位置エネルギー U は，力 f に逆らって基準点 O から点 A まで物体を運ぶために加えた力 $\boldsymbol{F} = -\boldsymbol{f}$ がする仕事 $W'_{O \to A}$ と考える．移動経路を x 軸上にとれば

$$U = \int_O^A \boldsymbol{F} \cdot d\boldsymbol{r} = \int_O^A (-\boldsymbol{f}) \cdot d\boldsymbol{r} = -\int_0^{x_1} f_x dx = W'_{O \to A} \tag{10・3}$$

と定義される．または経路を逆にとって，点 A から基準点 O まで物体が移動する間に力 $\boldsymbol{f}$ がする仕事 $W_{A\to O}$ を用いて

$$U = \int_A^O \boldsymbol{f}\cdot d\boldsymbol{r} = \int_{x_1}^O f_x dx = W_{A\to O} \tag{10・4}$$

と表すこともできる．

式 (10·3) または式 (10·4) では，x 軸を移動経路として U を定義したが，力 $\boldsymbol{f}$ が保存力であるので，ほかのどの経路を用いて求めたとしても位置エネルギー U は変わらない．

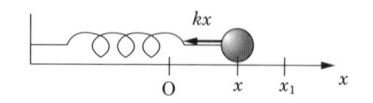

● 図 10・6　弾性力の位置エネルギー ●

ばねの弾性力の位置エネルギーを考えてみよう．ばね定数を k とする．位置エネルギーの基準点 O を，ばねの自然長の位置にとる．ばねが自然長の位置から x_1〔m〕だけ伸びた位置での位置エネルギー U は，定義式 (10·4) を用いて，物体が位置 x_1 から基準点に移動する間に弾性力がする仕事 $W_{x_1\to 0}$ から

$$U = W_{x_1\to 0} = \int_{x_1}^0 f_x dx = \int_{x_1}^0 (-kx)dx = -k\int_{x_1}^0 x dx = \left[\frac{1}{2}x^2\right]_{x_1}^0$$
$$= -k\left(\frac{1}{2}\times 0^2 - \frac{1}{2}x_1^2\right) = \frac{1}{2}kx_1^2$$

と求められる．ばねが $|x_1|$ だけ縮んでいる（$x_1 < 0$）場合も，弾性力がする仕事 $W_{x_1\to 0}$ を同様に計算すれば，位置エネルギー U が同じ式で与えられることがわかる．したがって，ばねの変位が x のとき，弾性力による位置エネルギー（弾性力のポテンシャルエネルギー）U は

$$U = \frac{1}{2}kx^2 \tag{10・5}$$

で定義される．

ばねに物体を取り付けていなくても，ばねだけを伸び縮みさせるためには仕事が必要である．したがって，弾性力による位置エネルギーは，物体に蓄えられていると考えるより，伸び縮みしているばね自体に蓄えられていると考えるほうが

自然である．このばねに蓄えられているエネルギーを，弾性ポテンシャルエネルギーまたは弾性エネルギーと呼ぶ．

4 力学的エネルギー保存則

ポテンシャルエネルギーの考え方を用いて，9章4節で学んだ仕事と運動エネルギーの関係を見直してみよう．

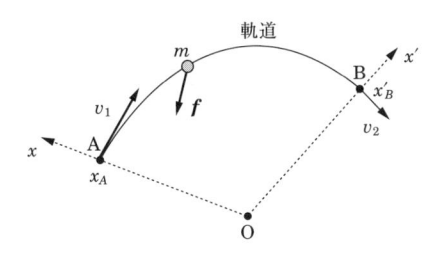

●図 10・7 保存力 f がはたらく空間を A から B まで物体が運動する●

物体にはたらいている力 f が保存力の性質をもつ場合を考える．質量 m の物体が，図 10・7 に示す軌道を通って位置 A から位置 B まで運動する．その間に力 f がする仕事 $W_{A\to B}$ と運動エネルギーの変化の間には，式 (9・16) より

$$W_{A\to B} = \frac{1}{2}mv_2^2 - \frac{1}{2}mv_1^2 \tag{10・6}$$

の関係が成り立つ．保存力 f がする仕事は途中の経路に依存しないので，経路 A→O→B を通って移動したときの仕事を考えれば

$$W_{A\to B} = W_{A\to O\to B} = W_{A\to O} + W_{O\to B}$$
$$= W_{A\to O} - W_{B\to O}$$

となる．定義式 (10・4) より，点 A および点 B での位置エネルギーはそれぞれ $U_1 = W_{A\to O}$, $U_2 = W_{B\to O}$ である．これらを用いれば，式 (10・6) は

$$\left.\begin{array}{l} U_1 - U_2 = \dfrac{1}{2}mv_2^2 - \dfrac{1}{2}mv_1^2 \\[2mm] \dfrac{1}{2}mv_1^2 + U_1 = \dfrac{1}{2}mv_2^2 + U_2 \end{array}\right\} \tag{10・7}$$

または

$$K_1+U_1=K_2+U_2 \qquad (10\cdot 8)$$

の関係式に書き換えることができる．式 (10・7) または式 (10・8) の各辺に現れる運動エネルギー K と位置エネルギー U の和

$$E=K+U=\frac{1}{2}mv^2+U \qquad (10\cdot 9)$$

を力学的エネルギー E と呼び，関係式 (10・7) または式 (10・8) を力学的エネルギー保存則という．

保存力を受けながら物体が運動するとき，時間経過とともに運動エネルギー K とポテンシャルエネルギー U のそれぞれの値は変化していくが，その和である力学的エネルギー E の値は変化しない，というのが力学的エネルギーが保存するという意味である．

【例題 1】 図 10・8 のように水平でなめらかな床の上で，一端が固定されたばね定数 $k=100\,\mathrm{N/m}$ のばねに結ばれた $m=0.25\,\mathrm{kg}$ の質点が運動する．質点を自然の長さの位置（原点 O）から $x_1=0.20\,\mathrm{m}$ まで伸ばして静かに放した．質点が点 O を通過する瞬間の速さ v を求めよ．またその後，ばねが最も縮んだときの質点の位置 x_3 を求めよ．

● 図 10・8 ばねの力を受けながら，x_1 から x_3 まで質点が運動する ●

[解答例] $x_1=0.02\,\mathrm{m}$ の位置で質点を放した瞬間は速さ 0，すなわち運動エネルギー $K_1=0$ で，弾性力による位置エネルギー $U_1=(1/2)kx_1^2$ のみをもつ．力学的エネルギーは

$$E=K_1+U_1=\frac{1}{2}kx_1^2=\frac{1}{2}\times 100\,\mathrm{N/m}\times(0.20\,\mathrm{m})^2=2.0\,\mathrm{J}$$

である．質点が運動してもこの値は変化しない．

点 O を通過する瞬間は位置エネルギー $U_2=0$ で，運動エネルギー $K_2=(1/2)mv_2^2$ のみをもつ．したがって，力学的エネルギー保存則 (10・7) より，点 O を通過する瞬間の速さは

$$\frac{1}{2}kx_1^2 = \frac{1}{2}mv_2^2$$

$$\therefore \quad v_2 = \sqrt{\frac{kx_1^2}{m}} = \sqrt{\frac{100\,\text{N/m} \times (0.20\,\text{m})^2}{0.25\,\text{kg}}}$$

$$= 4.0\,\text{m/s}$$

となる．

　次にばねが縮んでいくと（$x<0$），位置エネルギー U は増大し，運動エネルギー K は減少していく．ここで，運動エネルギーは $K=(1/2)mv^2 \geq 0$ で，負の値にならないことに注意する．したがって，質点が運動できる範囲は $K_3=0$ となる位置 x_3 までである．力学的エネルギー保存則 (10・7) より

$$\frac{1}{2}kx_1^2 = \frac{1}{2}kx_3^2$$

$$\therefore \quad x_3 = -x_1 = -0.20\,\text{m}$$

となり，自然長の位置より 0.20 m まで縮むことがわかる．

　保存力に加えて，保存力以外の力が作用しているときはどうなるであろうか．

　作用する力が垂直抗力のように仕事をしないならば，この場合も力学的エネルギー保存則 (10・8) が成り立つ．

　作用する力が摩擦力などの非保存力であれば，非保存力がする仕事 $W_\text{非}$ の分だけ力学的エネルギー E が変化する．E_1 を初めにもっているエネルギー，E_2 を運動した後のエネルギーとすれば，初めにもっていたエネルギーは摩擦によって失われるためエネルギーと仕事の関係式は

$$E_1 - E_2 = W_\text{非} \tag{10・10}$$

となる．

　摩擦力の場合，その仕事 $W_\text{非}$ は負だから力学的エネルギー E は減少する．減少した分のエネルギーは摩擦熱に変化する．熱学（熱力学）によれば，熱もエネルギーの一形態であることが知られている．このように，力学的エネルギーは熱やほかの種類のエネルギーに変化することがあるが，すべての種類のエネルギーを足し合わせればその和は変化しない．これを「エネルギー保存則」といい，あらゆる自然現象で例外なく成り立っている基本的な法則である．

【例題 2】 図 10・9 に示すように，片方の端を点 O に固定した長さ R のひもに質量 m のおもりをつるした振り子がある．ひもがたるまないように，おもりを真下から $\pi/3$ 〔rad〕ずらして静かに放した．おもりが点 O の真下を通過するときの速さを求めよ．

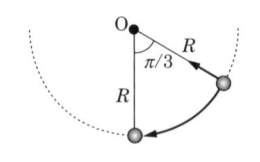

● 図 10・9　振り子の運動 ●

[解答例] 振り子の問題では，ひもの張力はおもりの運動方向（円周に沿った向き）に対して常に垂直を向くので，張力は仕事をしない．したがって，力学的エネルギー保存則が成り立つ．

振り子の最下点を高さの基準に取れば，初めの高さと速さは $h_1 = R/2$，$v_1 = 0$ なので，最下点での速さ v_2 は，力学的エネルギー保存則より

$$mg\frac{R}{2} = \frac{1}{2}mv_2^2$$

$$\therefore\ v_2 = \sqrt{gR}$$

と求められる．

【例題 3】 図 10・10 に示すように，質点を傾斜角 $\pi/6$ 〔rad〕の粗い斜面上の点 A に静かに置いて滑らせる．質点と斜面との間の動摩擦係数を $\mu_k = 1/2$ として，点 A から点 B まで斜面を高さ h だけ滑り降りた後の速さを求めよ．

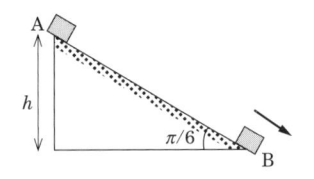

● 図 10・10　粗い斜面上の運動 ●

[解答例] この質点には非保存力である摩擦力 $\mu_k N$ がはたらいている．摩擦力がする仕事 $W_\text{非}$ は

$$W_\text{非} = \mu_k N s \cos\pi = -\mu_k \cdot mg \cos\frac{\pi}{6} \cdot \frac{h}{\sin(\pi/6)}$$

$$= -\frac{\sqrt{3}}{2}mgh$$

である．点 B での速さ v_2 は，エネルギーと仕事の関係式 (10·10) を用いて

$$\frac{1}{2}mv_2^2 - mgh = -\frac{\sqrt{3}}{2}mgh$$

より

$$v_2 = \sqrt{(2-\sqrt{3})gh} \fallingdotseq 0.52\sqrt{gh}$$

と求められる．

まとめ

- 位置エネルギー（ポテンシャルエネルギー）は，保存力 f に対してのみ定義できる．点 A において質点がもつ位置エネルギー U は，基準点 O から点 A まで f に逆らって質点を運ぶ仕事 $-W_{O \to A}$，または点 A から基準点 O まで質点が移動するときに f がする仕事 $W_{A \to O}$ に等しい．
- 重力（$F = mg$）による位置エネルギー $U = mgh$（地表からの高さ h）
- 弾性力（$F = kx$）による位置エネルギー $U = \frac{1}{2}kx^2$（ばねの変位 x）
- 物体がもつ運動エネルギー K とポテンシャルエネルギー U の和

    $E = K + U$

  を力学的エネルギーと呼ぶ．保存力のみが仕事をするとき，力学的エネルギー保存則が成り立つ．

    $E_1 = E_2 \qquad (K_1 + U_1 = K_2 + U_2)$

  非保存力が仕事 $W_\text{非}$ をする場合は，仕事とエネルギーの関係が成り立つ．

    $E_2 - E_1 = W_\text{非}$

演 習 問 題

問1 ばね定数 49 N/m の軽いばねの上端を天井に固定し，下端に 1.5 kg の物体を取り付け静かにつるすと，ばねが伸びて物体は静止した．このときのばねの伸び，重力および弾性力による位置エネルギーを求めよ．ただし，ばねが自然の長さであるときの位置を位置エネルギーの基準とする．

問2 地上からの高度 10 000 m を 900 km/h で飛行する，350 t (3.5×10^5 kg) の旅客機がもつ力学的エネルギーを求めよ．

問3 ボールを 14 m/s の速さで地上から真上に投げ上げる．空気抵抗が無視できるとき，ボールが到達する最高点の高さを求めよ．

問4 図 10·11 のようななめらかな水平面と斜面がある．

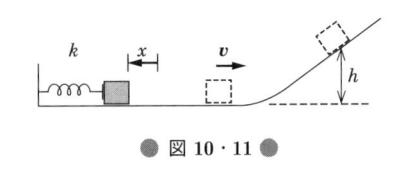

● 図 10 · 11 ●

左端を固定したばね定数 k の軽いばねの右端に，質量 m の物体を押し付け，自然の長さから x だけ縮めて静かに放した．ばねが自然長になると物体はばねから離れて水平面を運動した後，斜面をのぼっていった．斜面をのぼり始める直前の物体の速さ v と，物体の最高到達点の高さ h を求めよ．

11章

物体のつり合い

　柱や建物などの構造物は，力がはたらいたときに簡単に動いたり傾いたりするようでは役に立たない．本章では，物体に力がはたらいていても，それが動かないための条件は何かについて考える．

　ニュートンの慣性の法則は，物体にいくつかの力がはたらいていてもその合力が0ならば，静止している物体はその場で静止し続けることを教えてくれる．しかし物体が動かないということは，その場での回転も生じないことをも意味している．物体に回転を生じさせるはたらきを**トルク**（力のモーメント）という量で表す．物体がつり合いの状態にあるためには，力のつり合いとともにトルクのつり合いを考える必要がある．

1　三つの力のつり合い

　回転を生じない小さな物体（質点）が，静止したまま動かない，すなわちつり合いの状態にある条件を考える．慣性の法則によれば，いくつかの力が物体にはたらいていても，それらの力の和が0

$$\sum_{i=1}^{n} \boldsymbol{F}_i = \boldsymbol{F}_1 + \boldsymbol{F}_2 + \cdots + \boldsymbol{F}_n = 0 \tag{11・1}$$

という条件が成り立っていれば，静止している質点は静止し続ける．このようなとき，物体にはたらく力が**つり合っている**という．

　二次元の平面内で物体に力がはたらいている場合を例にして，力のつり合いを考えてみよう．

　図11・1(a)のように水平な天井に結ばれた軽い2本のひもで，質量 m の物体をつるす．2本のひもは天井とそれぞれ θ_1, θ_2 の角度をなしている．ひも1とひも2から物体には，それぞれひもに沿った向きに張力 $\boldsymbol{T}_1$, $\boldsymbol{T}_2$ がはたらいている．図11・1(b)に示すように，2本のひもが含まれる平面内で，水平方向の右向きに x 軸の正を，鉛直線の上向きに y 軸の正をとる．つるされた物体は，大きさ mg の重力で下向きに引っ張られ，また2本のひもの張力の y 軸成分 T_{1y}, T_{2y} で上向きに引っ張られる．物体が上下（y 軸方向）に動かないということは，重力（下

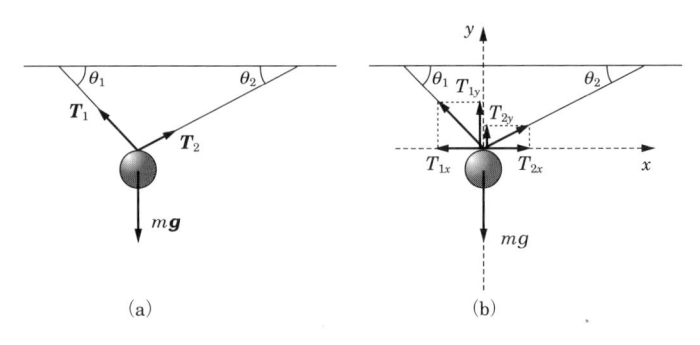

● 図 11・1　重力と張力による三つの力のつり合い ●

向きの力）と $T_{1y}+T_{2y}$（上向きの力）がつり合っているということである．y 軸方向のつり合いの式は

$$T_{1y}+T_{2y}-mg=0 \tag{11・2}$$

となる．また，物体が左右（x 軸方向）に動かないということは，2 本のひもの張力の x 軸成分 T_{1x}（左向き）と T_{2x}（右向き）が大きさが等しく向きが逆になっていることを意味する．x 軸方向のつり合いの式は

$$T_{1x}+T_{2x}=0 \tag{11・3}$$

となる．2 本のひもの張力の各成分は，図 11・1 より $T_{1x}=-T_1\cos\theta_1$，$T_{1y}=T_1\sin\theta_1$，$T_{2x}=T_2\cos\theta_2$，$T_{2y}=T_2\sin\theta_2$ と表されるので，式 (11・2) と (11・3) を書き換えて

$$-T_1\cos\theta_1+T_2\cos\theta_2=0 \tag{11・3}'$$

$$T_1\sin\theta_1+T_2\sin\theta_2=mg \tag{11・2}'$$

を得る．連立方程式 (11・3)′，(11・2)′ を解けば

$$T_1=\frac{mg}{\cos\theta_1\tan\theta_2+\sin\theta_1} \tag{11・4}$$

$$T_2=\frac{mg}{\cos\theta_2\tan\theta_1+\sin\theta_2} \tag{11・5}$$

のように，張力の大きさ T_1，T_2 を得ることができる．

式 (11・4)，(11・5) を見ると，ひもに加わる張力の大きさはひもの傾きによって変わることがわかる．

2 トルク

〔1〕 トルクの定義 ■■■

ねじやボルトを回すとき，ドライバやスパナを用いて力を加える．このときスパナの柄に対して垂直に力を加えればボルトは回転する．しかし，ボルトの中心Oに向かってスパナを押しても，あるいは引っ張っても，ボルトは回転しない．

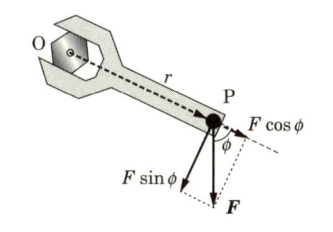

● 図 11・2　力 F が引き起こす回転 ●

図 11・2 のボルトの中心を回転軸の中心Oとし，Oから r〔m〕の位置にある点Pに力 F を加える．このとき，力の加わる点Pを力の作用点という．半径 r に平行な分力 $F\cos\phi$ には回転を引き起こすはたらきはない．r に垂直な分力 $F\sin\phi$ のみが回転を引き起こす．力 F による回転を引き起こすはたらきを，力 F によるOの周りの**トルク**または**力のモーメント**と呼び，その大きさ N を

$$N = rF\sin\phi \tag{11・6}$$

で定義する．

トルクの単位は SI 単位では，〔m〕×〔N〕=〔N·m〕である（$\sin\phi$ は無次元であることに注意）．

トルクの単位は仕事やエネルギーの単位と次元が同じであるが，トルクには〔J〕（ジュール）は用いない．

トルクの値は，どの点を中心とした回転を考えるかによって変わる．必ず「点～の周りのトルク」と表現する必要がある．また，力が引き起こそうとする回転の向きも合わせて表すときは，トルクに符号を付ける．一般に力学では，反時計回りの回転を引き起こそうとするトルクを正とする．

物体にいくつかの力が作用し，反時計回りのトルクと時計回りのトルクの大きさが等しいとき，あるいは，符号も考慮したトルクの和が 0 となるときは物体は回転しない．

129

定義の式 (11·6) は，力 F が同じであれば，回転中心 O から力の作用点 P までの距離が遠いほど，回転を引き起こすトルクが大きいことを意味している．これは，てこの原理を考えてみれば理解できる．図 11·3 のように，長さ $3a$ の軽い棒の両端におもりをつり下げ，$2F$〔N〕と F〔N〕の力を掛けた場合，ちょうど棒を a と $2a$ に分ける点 O で支えると回転が生じない（てこの原理）．これは，$2F$ の力による O の周りのトルクの大きさ（$a\cdot 2F$）と F による O の周りのトルクの大きさ（$2a\cdot F$）が等しく

$$a\cdot 2F = 2a\cdot F$$

となるからである．

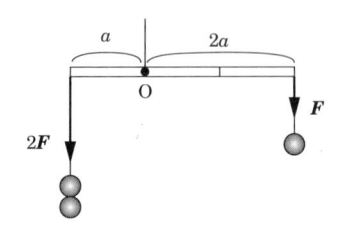

● 図 11·3 てこの原理：回転を引き起こすはたらきは，支点からの距離を 2 倍にすると半分の大きさの力で等しい ●

〔2〕 ベクトルを用いたトルクの表し方

作用した力 F が原点 O の周りで引き起こそうとする回転は，ベクトル F と点 O から見た作用点の位置を表す位置ベクトル r の二つのベクトルを含む平面内で，その面に垂直な軸の周りでの回転になる．この軸の向きを表すために，トルクをこの回転軸と平行なベクトル N で表す．このトルクベクトル N の大きさは $rF\sin\phi$ と定義する．トルクベクトル N の向きは，力 F が引き起こそうとする回転方向に右ねじを回したとき，ねじが進む向きであるとする（図 11·4）．

このとき，r と F を含む平面内に x 軸と y 軸をとれば，トルク N は x–y 平面に垂直，すなわち z 軸と平行になるので，$N = N_z \boldsymbol{k}$ で表される．$\boldsymbol{k}$ は z 軸の正の向きを向いた単位ベクトルである．引き起こそうとする回転の向きが z 軸の正の側から見て，反時計回りのとき $N_z > 0$，時計回りのとき $N_z < 0$ である．前述したトルクの符号は，ベクトル N の z 成分の符号に対応する．

一般的に，二つのベクトル A と B について，A と B のベクトル積（外積）を

2 トルク

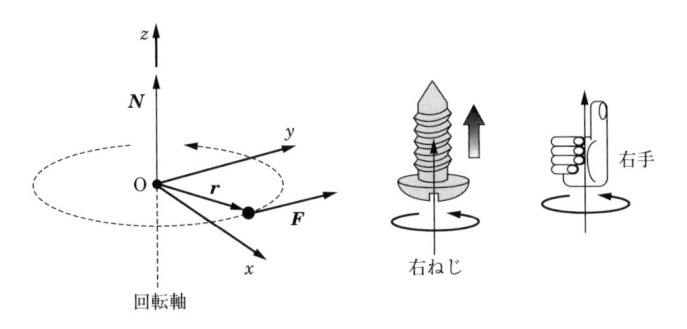

● 図 11・4　回転方向とトルクベクトル N の向き.
　　　　　右ねじが進む向きは，右手を用いて確認できる．ねじを回す向きに小指から
　　　　　人指し指までを丸めたときに，親指が指す向きが右ねじの進む向きである ●

$A \times B$ と書き，大きさと向きについて

　　大きさ：$|A \times B| \equiv AB \sin \phi$ 　　　　　　　　　　　　　(11・7)

　　向　き：A と B が含まれる平面に対して垂直で

　　　　　　A から B に右ねじを回すときにねじが進む向き　　(11・8)

の性質をもつベクトルとして定義する（**図11・5**）．ϕ はベクトル A とベクトル B の間の角度，A と B は，それぞれベクトル A とベクトル B の大きさである．

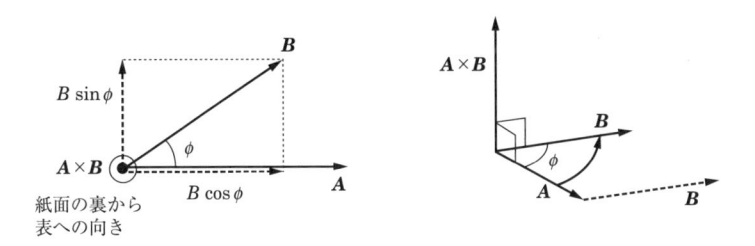

● 図 11・5　ベクトル積 $A \times B$
　　　　　$A \times B$ は A から B へ右ねじを回したときにねじの進む向き ●

ベクトル積の向きの定義式 (11・8) からわかるように，積の順序を交換すると

　　$A \times B = -B \times A$ 　　　　　　　　　　　　　　　　　　(11・9)

のように符号が変わる．すなわちベクトルの向きが逆になる．したがって，ベクトル積を式に書くときの順序や，式変形での積の順序の交換には注意を払う必要がある．

ベクトル積の表現を用いると，作用点 r にはたらく力 F による原点 O の周りのトルクは

$$N = r \times F \tag{11・10}$$

で表される．

3 重　心

〔1〕 重力によるトルクと重心

図 11・6 のように，質量 m_1 と m_2 の二つの質点を，長さ l の軽い棒でつないだ物体を考える．棒の上の適切な点を支点として選ぶと，それぞれの質点に作用する重力によるトルクの大きさが等しくなり，物体は回転しない．このような支点を物体の重心と呼ぶ．

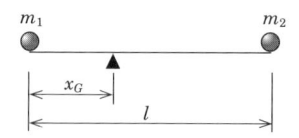

● 図 11・6　軽い棒の端に固定された 2 個の質点の重心 ●

図 11・6 の場合の重心を求めてみる．質点 m_1 の左端を原点として，棒に沿って右向きを x 軸の正の向きとする．重心の座標を x_G として，重心の周りでのトルクを計算する．質点 m_1 に作用する重力による反時計回りのトルク $x_G \cdot m_1 g$ と，質点 m_2 に作用する重力による時計回りのトルク $-(l-x_G) \cdot m_2 g$ がつり合っている．すなわちトルクの和が 0 になっているので

$$x_G \cdot m_1 g - (l - x_G) \cdot m_2 g = 0 \tag{11・11}$$

が成り立つ．

式 (11・11) から，$(m_1+m_2)g \cdot x_G = m_2 g \cdot l$ となり

$$x_G = \frac{m_2 \cdot l}{m_1 + m_2} \tag{11・12}$$

のように，重心の座標 x_G が求まる．重心の座標 x_G に $F=(m_1+m_2)g$ の大きさの力を上向きに加えれば，物体は上下運動も回転もせずに静止する．

重心の座標 (11・12) は，重心 x_G に上向きの力を加えた状況で，原点（左端）の周りでのトルクがつり合うと考えて求めることもできる．重心 x_G に作用する鉛

3 重　心

直上向きの $(m_1+m_2)g$ によるトルクと，質点 m_2 の座標を $x=x_2$ とすると，点 x_2 に作用する鉛直下向きの力 m_2g によるトルクがつり合っているので

$$x_G \cdot (m_1+m_2)g - x_2 \cdot m_2 g = 0 \tag{11・13}$$

が成り立つ．

$x_2 = l$ であることを考慮すれば，式 (11・13) から式 (11・12) が導ける．この方法を用いれば，**図 11・7** のように，n 個の質点 $m_1, m_2, \cdots, m_n$ が軽い棒の上に固定されている物体の重心の座標 x_G も求めることができる．$x_1, x_2, \cdots, x_n$ の位置にそれぞれ大きさ $m_1g, m_2g, \cdots, m_ng$ の重力が鉛直下向きに作用しているとき，重心 x_G に大きさ $(m_1+m_2+\cdots+m_n)g$ の力を鉛直上向きに作用させると，物体は回転せずに静止する．原点 O の周りでのトルクのつり合いから

$$x_G \cdot (m_1+m_2+\cdots+m_n)g - x_1 \cdot m_1 g - x_2 \cdot m_2 g - \cdots - x_n \cdot m_n g = 0 \tag{11・14}$$

が成り立つ．

式 (11・14) から重心の座標 x_G を求めると，次式となる．

$$x_G = \frac{m_1 \cdot x_1 + m_2 \cdot x_2 + \cdots + m_n \cdot x_n}{m_1 + m_2 + \cdots + m_n} = \frac{\sum_{i=1}^{n} m_i x_i}{\sum_{i=1}^{n} m_i} \tag{11・15}$$

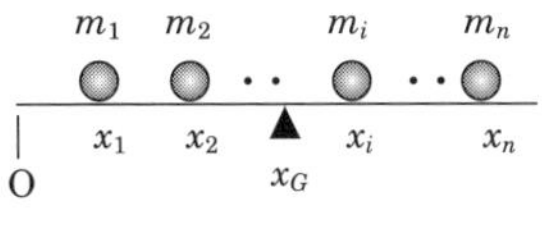

● **図 11・7**　軽い棒の上に固定された n 個の質点の重心 ●

板状の物体や立体の重心の座標を求めるときは，式 (11・15) と同様な式が y 座標や z 座標についても成り立つので計算できる．一様な材質でできている単純な形状の物体については，直感的にわかるように図形的な中心 (中央) が重心と一致する．一様な棒の重心はその中央，一様な長方形の板の重心は対角線の交点，一様な円板や球の重心はその中心である．

〔2〕 **重力の作用点**　■■■

一般に，質量 M の物体について，その重心 G の位置に大きさ $F=Mg$ で鉛直上向きの力を作用させると，上下運動も回転もせずに物体を静止させることがで

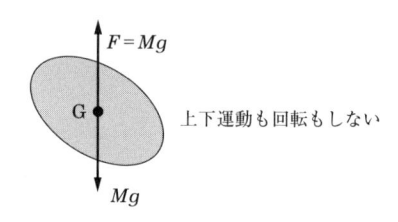

図 11・8 重力の作用点としての重力

きる．したがって，実際には物体全体の各部分に作用している重力の作用点を，図 11・8 のように重心 G の 1 点で代表させることができる．すなわち，大きさがある質量 M の物体には，重心 G の位置に大きさ Mg の重力が鉛直下向きに作用すると考えればよい．

4 物体のつり合い

〔1〕 物体のつり合いの条件

物体の移動とともに，回転も生じる可能性がある場合について，物体のつり合いの条件を考える．静止している物体が回転を始めないためには，物体に作用する力によるトルク N_i の和が 0

$$\sum_{i=1}^{n} N_i = N_1 + N_2 + \cdots + N_n = 0 \tag{11・16}$$

という条件（トルクのつり合い）が成り立っている必要がある．式 (11・16) の条件は，ある任意の 1 点の周りのトルクについて成り立っていればよい．

物体が移動をし始めない条件 (11・1) と物体が回転し始めない条件 (11・16) の両方が成り立つことが，物体のつり合いの条件である．

〔2〕 つり合いの例

図 11・9(a) のように，なめらかな表面をもつ水平な床と鉛直な壁があったとする．そこに，長さ l，質量 m の一様な棒 AB を，棒と壁の間が角度 θ をなすように立てかける．棒の上端 A は壁に接し，壁から大きさ N_A の垂直抗力を受ける．棒の下端 B は床に接し，床から大きさ N_B の垂直抗力を受ける．床 x 軸に沿って右向きに x 軸の正の向きを，壁に沿って上向きに y 軸の正の向きをとる．図 11・9(a) に示すように x 軸と y 軸を選ぶ．立てかけた棒は，そのままでは下端 B が床の上を x 軸の正の向きに滑って倒れてしまう．棒が滑っていくとき，棒と壁との間の

角度が増加していき，移動とともに回転が生じていることがわかる．

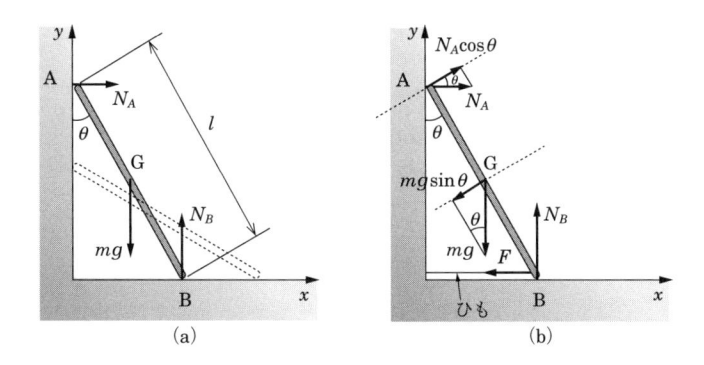

● 図 11・9　壁に立てかけた棒のつり合い ●

棒が滑らずに静止するには，点 B で x 軸の負の向きに適切な大きさ F の力を加えればよい．点 B と壁をひもでつないで張力を加え，静止させたのが図 11・9(b) である．静止させるために必要な力の大きさ F を求める．

棒が静止するためには，x 軸および y 軸方向にはたらいている力がつり合って，それぞれ合力が 0 でなければならない．図 11・9(b) に示す力の向きを考慮して，x 軸および y 軸方向での力のつり合いを式で表すと，次のようになる．

x 軸方向： $N_A - F = 0$ (11・17)

y 軸方向： $N_B - mg = 0$ (11・18)

次に，点 B の周りでのトルクのつり合いを考える．重心 G に作用している重力 mg および点 A に作用している垂直抗力 $\boldsymbol{N}_A$ は，それぞれ棒に垂直な成分 $mg\sin\theta$, $N_A\cos\theta$ をもち，トルクが生じる．定義式 (11・6) より，点 B を作用点とする力によるトルクは 0 である．したがって，回転し始めない条件 (11・16) を具体的に表すと

$$\frac{l}{2}mg\sin\theta - lN_A\cos\theta = 0 \quad (11\cdot19)$$

となる．式 (11・17) と式 (11・19) から，棒を静止させるために必要な力 $\boldsymbol{F}$ の大きさは

$$F = \frac{1}{2}mg\tan\theta$$

であることがわかる．

135

まとめ

- トルク（力のモーメント）：物体を回転させようとするはたらき
  $N = rF \sin \phi \qquad (\boldsymbol{N} = \boldsymbol{r} \times \boldsymbol{F})$

- 大きさがある物体に作用する重力の作用点は重心で代表できる．一直線（x 軸）上の位置 x_i に質量 m_i の質点を並べてできた物体の重心の座標 x_G は次式のようになる．

$$x_G = \frac{m_1 \cdot x_1 + m_2 \cdot x_2 + \cdots + m_n \cdot x_n}{m_1 + m_2 + \cdots + m_n} = \frac{\sum_{i=1}^{n} m_i x_i}{\sum_{i=1}^{n} m_i}$$

- 物体のつり合いの条件
  ① 移動し始めない条件（力のつり合い）：
  $$\sum_{i=1}^{n} \boldsymbol{F}_i = \boldsymbol{F}_1 + \boldsymbol{F}_2 + \cdots + \boldsymbol{F}_n = 0$$
  ② 回転し始めない条件（トルクのつり合い）：
  $$\sum_{i=1}^{n} N_i = N_1 + N_2 + \cdots + N_n = 0$$

演習問題

問 1 図 11・10 のように，質量 5.0 kg の質点に 2 本の軽いひも A，B を付け，ひも A で水平な天井からつるす．さらにひも B が水平になるように引いたら，ひも A と天井が $\pi/3$〔rad〕の角度をなした状態でつり合った．ひも A，ひも B それぞれの張力の大きさを求めよ．

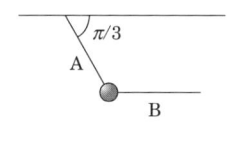

● 図 11・10 ●

問 2 質量 M で長さ L の一様な棒がある．この棒の左端から $L/8$ の位置に質量 m の質点を付けた．質点が付いた棒の重心の位置を求めよ．

問 3 図 **11·11** のように，3.0 kg で 0.50 m の一様な棒 AB がある．鉛直な粗い壁上の点 C と棒の右端 B とを軽い糸で結び，棒の左端 A を壁に接触させて，棒が水平になるようにした．このとき糸 BC と棒が $\pi/6$〔rad〕の角度になった．棒が壁から受ける垂直抗力と摩擦力，糸の張力の大きさをそれぞれ求めよ．

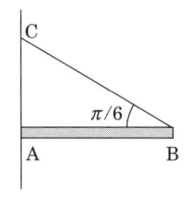

● 図 11 · 11 ●

12章

質点の回転運動

　自動車の車輪やギヤの回転，あるいは，穴あけ用ドリルや旋盤など，生活のための道具や工作機械など，物体の回転運動は多くの場面で登場する重要な運動形態である．大きさがある物体（これを力学では剛体という）は，多くの質点が集まってできた物体（これを質点系という）として理解できるので，本章ではその基本となる，質点の回転運動について学ぶ．

1　角速度と角加速度

〔1〕回転角

　図 12·1 に，x-y 平面内で原点 O を中心として半径 r の円運動をする質点を示す．半径 r のなめらかな円形レール上に束縛された質点の運動をイメージすればよい．この円運動は等速円運動とは限らない．

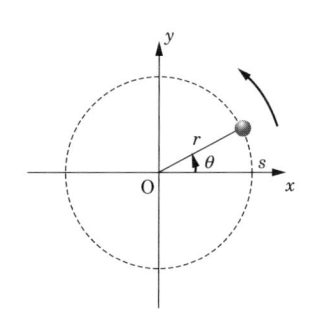

● 図 12·1　半径 r の円運動をする質点 ●

　円運動する質点の x-y 平面上での位置を表すには，x 軸から反時計回りの回転角 θ 〔rad〕だけで十分である．1章5節1～2項で学んだように，座標 (x, y) は

$$x = r\cos\theta, \quad y = r\sin\theta \tag{12·1}$$

と表されるからである（θ は反時計回りに回転したときを正とする）．

1 角速度と角加速度

〔2〕 角速度

回転角 θ を用いて円運動を表したときに，速度や加速度に対応する運動の特徴を表す量がどのようになるか見ていこう．

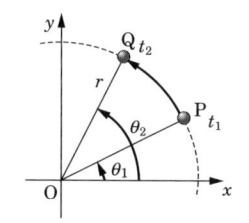

● 図 12・2 回転角の時間変化 ●

質点が Δt 〔s〕の間に**図 12・2** の点 P から点 Q まで移動するとき，回転角は $\theta_2-\theta_1$〔rad〕だけ変化する．このとき，単位時間（1 s）当たりの回転角の変化率を

$$\overline{\omega}=\frac{\theta_2-\theta_1}{t_2-t_1}=\frac{\Delta\theta}{\Delta t}\ \text{〔rad/s〕} \tag{12・2}$$

で表し，$\overline{\omega}$ を平均角速度という．

角速度の単位は，角度を時間で割った〔rad/s〕（ラジアン毎秒）である．角速度は反時計回りに θ を増す回転をしているときを正，θ が減少する時計回りに回転しているときを負とする．

また，ある時刻での瞬間の角速度 ω は，Δt を十分短くして $\Delta t\to 0$ の極限で

$$\omega=\lim_{\Delta t\to 0}\frac{\Delta\theta}{\Delta t}=\frac{d\theta}{dt} \tag{12・3}$$

と微分を用いて表される．

図 12・3 のように，ディスク（円盤）上に二つの質点 A と B を固定して，ディスクを角速度 ω〔rad/s〕で回転させる．円盤の中心から点 A，点 B までの距離が異なる場合には，点 A と点 B に固定した質点が運動する速さ v は異なる．式(1・6)の関係を用いると，1 s 当たり ω〔rad〕の角度を回転するとき，中心から r〔m〕の位置にある質点は，円周上を 1 s 当たり距離 $r\omega$〔m〕移動する．したがって，質点が運動する速さ v〔m/s〕は

$$v=r\omega \tag{12・4}$$

と表すことができる．物体が回転しているとき，物体を形づくっている個々の質

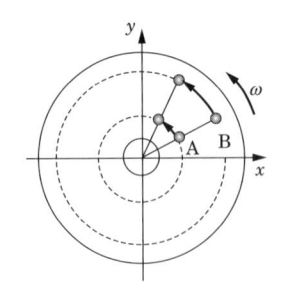

● 図 12・3 同じ角速度で回転する質点の速さ．外側の質点ほど速い ●

点の速さは回転中心からの距離によって異なるが，物体全体の回転の様子は一つの角速度 ω を用いて表すことができる．これが回転運動を速度（または速さ）ではなく角速度で表す理由である．

【例題 1】 円盤が 1 秒間当たり 2 000 回転している．この円盤の角速度の大きさを求めよ．中心から 3.0 cm 離れた部分が回転する速さを求めよ．

[解答例] 1 回転するときの回転角は 2π [rad] だから，この円盤は 1 s 当たり $2\,000 \times 2\pi$ [rad] の角度を回転する．したがって，角速度の大きさは

$$\omega = \frac{2\,000 \times 2\pi\,[\text{rad}]}{1\,\text{s}} = 4\,000\pi\ [\text{rad/s}]$$

である．中心から 3.0 cm $(= 3.0 \times 10^{-2}\,\text{m})$ 離れた部分は，式 (12・4) より

$$v = r\omega = 3.0 \times 10^{-2}\,\text{m} \times 4\,000\pi\,[\text{rad/s}] = 3.8 \times 10^{2}\ [\text{m/s}]$$

の速さで回転する（無次元の単位 [rad] = [m/m] = 1 であることに注意）．

〔3〕 **角加速度**

等速円運動であれば，$\omega = v/r$ から角速度も一定であるが，等速でなければ角速度も時間的に変化する．Δt [s] の間に質点の角速度が ω_1 [rad/s] から ω_2 [rad/s] まで変化するとき，単位時間（1 秒間）当たりの角速度の変化率を次式で表す．

$$\bar{\alpha} = \frac{\omega_2 - \omega_1}{t_2 - t_1} = \frac{\Delta \omega}{\Delta t} \tag{12・5}$$

$\bar{\alpha}$ を平均角加速度という．

角加速度の単位は，角速度を時間で割った [rad/s^2]（ラジアン毎秒毎秒）となる．また，ある時刻での瞬間の角加速度 α [rad/s^2] は，Δt を十分短くして

$\Delta t \to 0$ の極限で

$$\alpha = \lim_{\Delta t \to 0} \frac{\Delta \omega}{\Delta t} = \frac{d\omega}{dt} \qquad (12 \cdot 6)$$

と表される．式 (12・4) の関係より，半径 r の円運動の接線方向の加速度 a_t [m/s^2] と角加速度 α [rad/s^2] との間には

$$\alpha = \frac{d\omega}{dt} = \frac{d(v/r)}{dt} = \frac{1}{r}\frac{dv}{dt} = \frac{a_t}{r}$$
$$a_t = r\alpha \qquad (12 \cdot 7)$$

の関係が成り立っている．

2 トルクと角加速度

図 12・4(a) のように，半径 r の円周上を等速円運動する質点を考える．この質点に対しては，中心 O に向く向心力 $\boldsymbol{F}$ が作用している．向心力 $\boldsymbol{F}$ の向きは半径 r と平行なので ($\phi=0$)，向心力 $\boldsymbol{F}$ による O の周りのトルク $\boldsymbol{N}$ は 0 である．これは向心力 $\boldsymbol{F}$ が円の接線方向の成分をもたないことと同じことである．したがって，円周方向の質点の速さ v は時間変化せず，式 (12・4) の関係より角速度 ω も時間変化しない．このように，質点にはたらくトルクが 0 であるとき，角速度 ω は時間変化せず，角加速度 α は 0 である．

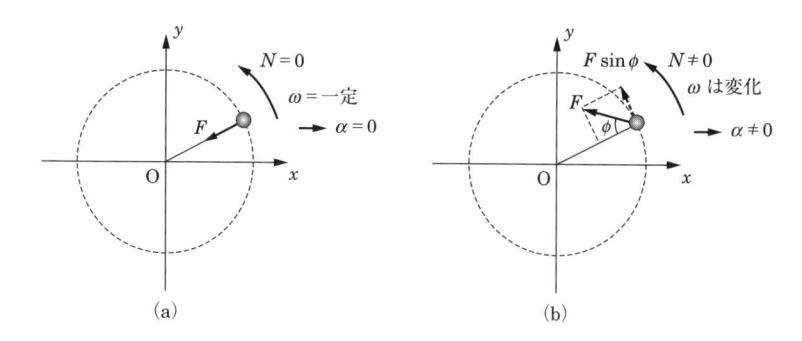

● 図 12・4 質点に作用するトルクと角加速度の関係 ●

一方，図 12・4(b) のように，トルクが作用すると角速度 ω は時間変化する．質点の質量を m として，円の接線方向の加速度 a_t [m/s^2] は，接線方向の運動方程式 $ma_t = F\sin\phi$ から

$$a_t = \frac{F \sin \phi}{m}$$

となる．したがって，角加速度 α 〔rad/s^2〕は式 (12・7) の分母と分子に mr を掛けて $ma_t = F$ を使えば

$$\alpha = \frac{a_t}{r} = \frac{F \sin \phi}{mr} = \frac{rF \sin \phi}{mr^2} = \frac{N}{mr^2} \tag{12・8}$$

となる．トルクに比例した角加速度が生じることがわかる．

ここで，mr^2 を点 O の周りの質点の慣性モーメント I といい

$$I = mr^2 \tag{12・9}$$

で定義する．慣性モーメントの単位は〔kg·m^2〕である．慣性モーメント I を用いると，式 (12・8) は

$$\alpha = \frac{N}{I} \tag{12・10}$$

$$I\alpha = N \tag{12・11}$$

と表すことができる．式 (12・11) は回転運動を表す基本方程式（回転運動の方程式）であり，$I \Leftrightarrow m$, $\alpha \Leftrightarrow a$, $N \Leftrightarrow F$ に対応させると，質点に対するニュートンの運動方程式 $ma = F$ に対応していることがわかる．

【例題 2】 長さ R〔m〕の軽いひもで質量 m〔kg〕の質点をつるした単振り子の運動を考えよ．

【解答例】 単振り子は点 O を中心とする半径 R の円周上の一部分を運動するので，一種の回転運動と考えることができる．ひもから質点にはたらく張力 S は常に中心 O に向いているので，点 O の周りでの張力によるトルクは 0 である．

点 O の真下の円周上の点を P とする．線分 OP から測ったひもまでの角度を θ で表す．いま，図 12・5(a) のように，時計回りの側 ($\theta < 0$) に質点をず

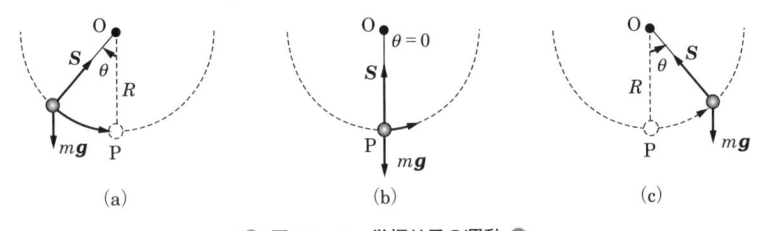

● 図 12・5 単振り子の運動 ●

らして静かに放す．このとき，重力 $m\boldsymbol{g}$ の接線成分 $mg\sin\theta_g$ は反時計回りの方向を向き，点 O の周りのトルクは正（反時計回り）となる．その大きさは，$N=-Rmg\sin\theta$ と表せる．したがって，回転運動の方程式 (12·10) より，生じる角加速度も $\alpha>0$ となるので，質点は角速度 ω を増大させながら，反時計回り（$\omega>0$）に振れる．

　$\theta=0$ を通過する瞬間は，重力の向きとひもは平行になり，トルクは $N=0$ なので角加速度も $\alpha=0$ になる．$\theta=0$ では質点の速度 v が最大となるので $\omega=v/r$ から角速度 ω は最大となる（図 12·5(b)）．

　$\theta>0$ の側に振れると，重力によるトルク $N=-Rmg\sin\theta$ は負（時計回り）となり，角加速度も $\alpha<0$ となる．したがって，質点の角速度 ω はしだいに減少していく（図 12·5(c)）．そしてついには，角速度が 0（$\omega=0$）となる．$\theta>0$ の領域（線分 OP より右）では，トルクは $N<0$ なので，角加速度も $\alpha<0$ である．質点は θ が最大まで振れると向きを変えて時計回りに振れ始める．角加速度が $\alpha<0$ なので，質点は負の角速度の絶対値を増大させながら時計回りに振れる．こうして単振り子は周期的に運動を繰り返す（1 往復する時間 T [s] を周期という）．ここに出てきた回転運動に関わる物理量を表にまとめると**表 12·1** のようになる．

● 表 12·1　単振り子の運動を表す物理量の時間変化 ●

時刻 t	0				$T/2$				T
回転角 θ（振れ角）	最小	−	0	+	最大	+	0	−	最小
トルク N 角加速度 α	+	+	0	−	−	−	0	+	+
$d\omega/dt$	増	増	0	減	減	減	0	増	増
角速度 ω	0	+	極大	+	0	−	極小	−	0

3　質点の角運動量

　8 章 1 節では質点の運動量 $\boldsymbol{p}=m\boldsymbol{v}$ を定義することによって，運動量保存則という質点の運動を理解するための重要な関係を得た．ここでは回転運動を理解するうえで重要な役割を担う角運動量を定義する．半径 r の円周上を質量 m の質点が速さ v で回転しているとき，角運動量 L を

$$L = rp = rmv \tag{12·12}$$

で定義する．角運動量の単位は SI 単位で〔m〕×〔kg〕×〔m/s〕=〔kg·m²/s〕である．

式 (12·4) の関係を用いれば，角運動量 L は角速度 ω〔rad/s〕を用いて

$$L = mr^2\omega = I\omega \tag{12·13}$$

と表すことができる．

式 (12·13) の関係より，回転運動を表す方程式 (12·11) は角運動量 L を用いて

$$I\alpha = I\frac{d\omega}{dt} = \frac{d(I\omega)}{dt} = N$$

と書くことにより

$$\frac{dL}{dt} = N \tag{12·14}$$

となる．すなわち，質点に作用するトルク N は角運動量 L の時間変化率（時間微分）に等しい．

一般的には，角運動量もベクトルであり

$$\boldsymbol{L} = \boldsymbol{r} \times \boldsymbol{p} \tag{12·15}$$

と，位置ベクトル $\boldsymbol{r}$ と運動量 $\boldsymbol{p}$ のベクトル積として定義される．

4 回転運動する質点の運動エネルギー

質量 m の質点が半径 r の円周上を速さ v で回転しているとき，運動エネルギー K は式 (12·4) と式 (12·9) の関係を用いて，角速度 ω と慣性モーメント I によって表すことができる．

$$K = \frac{1}{2}mv^2 = \frac{1}{2}m(r\omega)^2 = \frac{1}{2}mr^2\omega^2 = \frac{1}{2}I\omega^2 \tag{12·16}$$

ここでも $I \Leftrightarrow m, \omega \Leftrightarrow v$ と対応させれば，速度 v をもつ質量 m の物体の運動エネルギーの式 $K = (1/2)mv^2$ に対応する式が得られる．

【例題 3】 角速度 600 rad/s で円運動している質点がある．その慣性モーメントが 3.0 kg·m² であるとき，質点がもつ運動エネルギー K を求めよ．

【解答例】 式 (12·6) を用いて

$$K = \frac{1}{2} \times 3.0 \text{ kg·m}^2 \times (600 \text{ rad/s})^2 = 5.4 \times 10^5 \text{ J}$$

5 角運動量保存則

質点に作用するトルク N が 0 のときは，式 (12·14) より角運動量の時間変化率は 0 となる（$dL/dt=0$）．すなわち，角運動量 L は時間が経過しても変化することなく一定値をとり続ける．これを**角運動量が保存する**といい，この性質を角運動量保存則と呼ぶ．

質点に作用している力 F が，質点から回転中心 O，あるいは，その逆に向いているとき，この力を中心力と呼ぶ．中心力によるトルク N は，本章 2 節で学んだように 0 になる．したがって，質点に作用する力が中心力だけならば角運動量は保存する．

太陽の周りを運動する惑星の運動を考えてみよう．惑星は太陽からの万有引力を受けて**図 12·6** に示すような楕円運動をすることが知られている．太陽の質量 M は惑星の質量 m に比べて非常に大きいので，太陽の位置 O は動かないと考えてよい．惑星にはたらく万有引力の向きは，常に太陽に向かうので，万有引力は中心力である．したがって，太陽の位置 O の周りでの万有引力によるトルクは 0 である．トルクが 0 ということから，惑星の角運動量 L は保存し，時間的に変化しない．惑星の角運動量は $L=rmv$ であるから，例えば太陽から最も離れる点 A と最も近づく点 B での惑星の運動を考えると

$$r_1 m v_1 = r_2 m v_2 \tag{12·17}$$

の関係が成り立つ．

ここで，面積速度という量を考えよう．面積速度は，太陽と惑星を結ぶ線分（動径）が単位時間当たりに通過する面積で定義される．点 A を通過するときの面積速度は $(1/2)r_1 v_1$，点 B を通過するときの面積速度は $(1/2)r_2 v_2$ となる．式 (12·17)

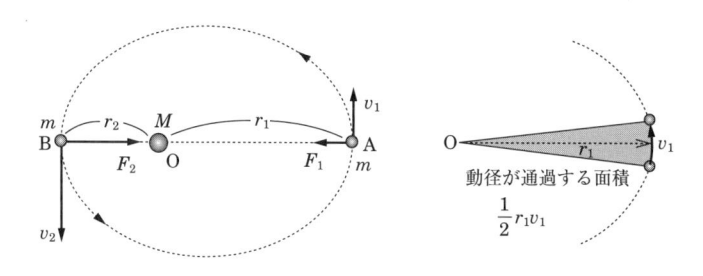

● 図 12·6 太陽の周りを楕円運動する惑星 ●

の両辺に 1/2 を掛けた式を書くと

$$\frac{1}{2}r_1 v_1 = \frac{1}{2}r_2 v_2 \tag{12・18}$$

となる．すなわち，面積速度が一定であることと同じことを意味していることがわかる．この惑星運動に関する面積速度一定の法則は，ニュートンが力学を完成させる以前にケプラーによって発見されていたもの（ケプラーの第二法則）である．ケプラーの面積速度一定の法則は，実は角運動量保存則という重要な意味をもっていたのである．

剛体の回転運動

本章では，質点の回転運動のみを扱ったが，大きさのある物体の回転運動について簡単にまとめておく．

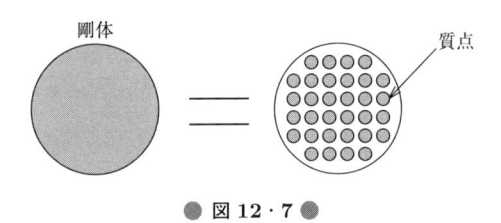

● 図 12・7 ●

ここでは力を加えても形が変わらない硬い物体を考えることにする．このように理想化した物体を剛体と呼ぶ．剛体は多くの質点が集まってできたものと考えればよい（図 11・7）．

剛体がある固定軸（これを z 軸とする）の周りで回転運動をするとき，剛体を構成するすべての質点は，同じ角速度 ω で回転することになる（図 12・8）．したがって，式 (12・13) の関係を用いれば，剛体がもつ z 軸の周りでの全角運動量は

$$L = \sum_{i=1}^{n} m_i r_i^2 \omega = I\omega \tag{12・19}$$

で表される．ここで，m_i は剛体を構成する質点の質量，r_i はその質点の z 軸からの垂直距離である．

● 図 12・8 ●

$$I = \sum_{i=1}^{n}\left(m_i r_i^2\right) \tag{12・20}$$

は，剛体の z 軸の周りでの慣性モーメントである．この慣性モーメント I がわかれ

ば，質点の回転運動とほとんど同じ式を用いて，剛体の回転運動を理解することができる．

剛体に外部から作用する z 軸の周りでのトルクの和を N とすれば

$$\frac{dL}{dt} = N \tag{12·21}$$

の回転運動の方程式が成り立つ．z 軸の周りでの剛体の角加速度 $\alpha = d\omega/dt$ を用いれば，回転運動の方程式は

$$I\alpha = N \tag{12·22}$$

と表すこともできる．

また，z 軸の周りを角速度 ω で回転する剛体の運動エネルギーは

$$K = \frac{1}{2}I\omega^2 \tag{12·23}$$

で表される．

まとめ

・回転運動と並進運動との対応（**表 12·2**）

● 表 12·1 ●

回転運動		並進運動
回転角 θ	⇔	座標 x
角速度 $\omega = \dfrac{d\theta}{dt}$	⇔	速度 $v_x = \dfrac{dx}{dt}$
角加速度 $\alpha = \dfrac{d\omega}{dt}$	⇔	加速度 $a_x = \dfrac{dv_x}{dt}$
トルク $N = rF\sin\phi$	⇔	力 F_x
慣性モーメント $I = mr^2$	⇔	質量 m
回転運動の方程式 $I\alpha = N$	⇔	運動方程式 $ma_x = F_x$
角運動量 $L = I\omega$	⇔	運動量 $p_x = mv_x$
運動エネルギー $\dfrac{1}{2}I\omega^2$	⇔	運動エネルギー $\dfrac{1}{2}mv^2$

・角運動量保存則：質点に作用するトルクが 0 であるならば，質点がもつ角運動量 L は一定に保たれる．

12章 質点の回転運動

演習問題

問1 地球は1日かけて1回の自転をしている．自転の角速度の大きさを求めよ．地球の半径が 6 400 km であるとして，赤道上に置かれた物体が回転する速さを求めよ．

問2 ハンマー投げの選手が，7.26 kg のハンマーを半径 2.0 m で回転させている．速さ 100 km/h の等速円運動をしているとして，ハンマーの角速度と角運動量の大きさを求めよ．また，このときの慣性モーメントを求めよ．

問3 軽い糸で結ばれた質量 m の質点が，なめらかな水平面上を角速度 ω で半径 R の等速円運動をしていた．円運動の中心から糸を引き寄せると，質点の運動は半径 $R/3$ の等速円運動になった．このときの質点の角速度を求めよ．また，糸を引き寄せる間に張力がした仕事を求めよ．

演習問題解答

■ 1章 ■

問1 h=10^2 であるので，1 hPa=100 Pa である．ここで，圧力の単位である，1 Pa は 1 Pa=1 N/m^2 である．また，力の単位である，1 N は 1 N=1 kg·m/s^2 である．したがって

$$1 \text{ hPa} = 100 \text{ Pa} = 100 \text{ N/m}^2 = 100\frac{1 \text{ N}}{1 \text{ m}^2} = 100\frac{1 \text{ kg·m/s}^2}{1 \text{ m}^2}$$

$$= 100\frac{1\frac{\text{kg·m}}{\text{s}^2}}{1 \text{ m}^2} = 100\frac{1 \text{ kg·m}}{1 \text{ s}^2\text{·m}^2} = 100\frac{\text{kg}}{\text{s}^2\text{·m}} = 100 \text{ kg}/(\text{m·s}^2)$$

である．

問2 まず，角度の単位〔rad〕を用いて θ を表す．180° が π〔rad〕に相当するので，45° は

$$\theta = \frac{45°}{180°}\pi \text{〔rad〕} = \frac{1}{4}\pi \text{〔rad〕}$$

である．$l = r\theta$〔m〕を用いると

$$l = 1 \text{ m} \times \frac{1}{4}\pi \text{〔rad〕} \approx 1 \text{ m} \times \frac{3.1416}{4} = 0.7854 \text{ m}$$

となる．ここで，rad は角度の大きさを表す場合に用いる記号で物理的な単位ではないことに注意しよう．つまり，円周率 π は $\pi \approx 3.1416$ であり単位をもたない．

問3 図 1·2(a) の直角三角形において，(3) 三角形の内角の和は 180° であるから，直角三角形において，$\theta = 45°$ であると，残りの角も 45° になる．したがって，考えている三角形は直角二等辺三角形であり，辺の長さの比が，1:1:$\sqrt{2}$ となる．辺の長さの比を用いれば，θ の正弦と余弦はともに

$$\sin \theta = \cos \theta = \frac{1}{\sqrt{2}}$$

となる．

■ 2章 ■

問1 川に乗り出したボートは川の流れのために，1時間当たり 3 km の割合で東に進む．同時に，ボートは1時間当たり 4 km の割合で北に進む．東向きの長さ 3 のベクトルと北向きの長さ 4 のベクトルの和がボートの速度ベクトルになる．ボートの速度ベクトルは辺の長さの比が 3 : 4 : 5 の直角三角形の斜辺の長さになる．したがって，ボートの速さは時速 5 km となる．

149

問 2 川の流れの速さにかかわらず，100 m を時速 4 km で横切る時間 (t) を求めればよい．ボートの速さを時速から秒速に変換する．1 h＝3 600 s であるから，ボートの速さを v [m/s] とすると

$$v = 4 \text{ km/h} = 4 \times \frac{1 \text{ km}}{1 \text{ h}} = 4 \times \frac{1 \times 10^3 \text{ m}}{1 \times 3\,600 \text{ s}} = 4 \times \frac{10^3}{3\,600} \frac{\text{m}}{\text{s}}$$

$$= \frac{4\,000}{3\,600} \text{m/s} = \frac{10}{9} \text{m/s}$$

となる．この速さで 100 m の川を横切るには

$$t = \frac{100 \text{ m}}{\frac{10}{9} \text{m/s}} = \frac{100 \text{ m}}{\frac{10}{9} \frac{\text{m}}{\text{s}}} = \frac{100 \times 9}{10} \frac{\text{ms}}{\text{m}} = 90 \text{ s}$$

かかる．

問 3 二次元の直交座標系を用いて，もとの位置と現在地との位置関係を表す．東向きを x 軸の正の向き，北向きを y 軸の正の向きとし，もとの位置を座標原点 O，現在地を点 P とする．点 P の座標 (x, y) は $x = 1\,000$ m，$y = 1\,000$ m と表せる．この x と y は直角二等辺三角形の二辺をなし，線分 OP は斜辺をなす．直角二等辺三角形の辺の長さの比，$1 : 1 : \sqrt{2}$ より，線分 OP の長さは $\sqrt{2} \times 1\,000 \approx 1\,414$ m となる．平面極座標系を用いて点 P の座標を表せば，点 P の座標 (r, θ) は $(r, \theta) = (\sqrt{2} \times 1\,000, \pi/4)$ となる．したがって，現在地 P はもとの位置 O から見て，北東の向きに，約 1.4 km 離れている．

3 章

問 1 自動車の速度 v [m/s] は秒速で表すと次のようになる．

$$v = \frac{\Delta x}{\Delta t} = \frac{x_B - x_A}{t_B - t_A} = \frac{10 \text{ m} - 50 \text{ m}}{5 \text{ s} - 3 \text{ s}} = \frac{-40 \text{ m}}{2 \text{ s}} = \frac{-40}{2} \frac{\text{m}}{\text{s}} = -20 \text{ m/s}$$

自動車の速度 v は -20 m/s である．つまり，自動車は速さ 20 m/s で x 軸の負の向きに運動している．ベクトルで表せば $\boldsymbol{v} = 20(-\hat{x}) = -20\hat{x}$ である．秒速と時速の単位の変換は次のようになる．

$$v = 20 \text{ m/s} = 20 \frac{1 \text{ m}}{1 \text{ s}} = 20 \frac{1 \times 10^{-3} \text{ km}}{1 \times \frac{1}{3\,600} \text{h}} = 20 \times 3\,600 \times 10^{-3} \frac{\text{km}}{\text{h}} = 72 \text{ km/h}$$

問 2 等速直線運動をする自動車の位置 $x(t)$ は $x(t) = x_0 + \bar{v}t$ で表される．この問いでは $x_0 = x_A = 0$ m，$\bar{v} = 20$ m/s であるので，$t_B = 5$ s を用いて，$x(5) = x_B = 0 + 20 \times 5 = 100$ m となる．

問 3 自動車は加速度 a [m/s^2] の等加速度運動をしているので，動き始めてから t [s] 後の速度 v [m/s] は $v = at$ となる．$t = 10$ s で $v = 100$ m/s に達したのだか

ら，加速度 a 〔m/s²〕は

$$a = \frac{v}{t} = \frac{100 \text{ m/s}}{10 \text{ s}} = \frac{100}{10}\frac{\text{m/s}}{\text{s}} = 10\frac{\frac{\text{m}}{\text{s}}}{\text{s}} = 10 \text{ m/s}^2$$

となる．また，加速度 a 〔m/s²〕の等加速度運動では，動き始めてから t 〔s〕後の自動車の位置 x 〔m〕は $x=(1/2)at^2$ であるから

$$x = \frac{1}{2}10 \text{ m/s}^2(10 \text{ s})^2 = \frac{10}{2}\frac{\text{m}}{\text{s}^2}10^2 \text{ s}^2 = 5 \times 100 \text{ m} = 500 \text{ m}$$

となる．つまり，自動車は動き始めてから 10 s 後には原点 O から x 軸の正の向きに 500 m の地点に到達している．ベクトルで表すと，$\boldsymbol{r} = 500\hat{x}$ となる．

■ 4章 ■

問 1 物体の速度 v 〔m/s〕は $v(t) = \dfrac{dx(t)}{dt}$ であるから

$$v(t) = \frac{dx(t)}{dt} = \frac{d}{dt}(A\cos\omega t) = A\frac{d}{dt}(\cos\omega t)$$

である．ここで，$\theta = \omega t$ と置くと，$\cos\omega t$ の微分は

$$\frac{d}{dt}(\cos\omega t) = \frac{d}{d\theta}(\cos\theta)\frac{d\theta}{dt} = -\sin\theta\frac{d}{dt}(\omega t) = -\sin\omega t \cdot \omega = -\omega\sin\omega t$$

となるので

$$v(t) = -A\omega\sin\omega t$$

となる．ここで考えた，$x(t) = A\cos\omega t$ と $v(t) = -A\omega\sin\omega t$ は，ともに，摩擦のない水平な床に置いたつる巻ばねの先端に付けたおもりが単振動をする際のおもりの位置 $x(t)$ 〔m〕とその速度 $v(t)$ 〔m/s〕に対応している．

問 2 物体の加速度 $a(t)$ 〔m/s²〕は $a(t) = \dfrac{dv(t)}{dt}$ であるから

$$a(t) = \frac{dv(t)}{dt} = \frac{d}{dt}(-A\omega\sin\omega t) = -A\omega\frac{d}{dt}(\sin\omega t)$$

である．ここで，$\theta = \omega t$ と置くと，$\sin\omega t$ の微分は

$$\frac{d}{dt}(\sin\omega t) = \frac{d}{d\theta}(\sin\theta)\frac{d\theta}{dt} = \cos\theta\frac{d}{dt}(\omega t) = \cos\omega t \cdot \omega = \omega\cos\omega t$$

となるので

$$a(t) = -A\omega^2\cos\omega t$$

となる．ここで考えた，$v(t) = -A\omega\sin\omega t$ と $a(t) = -A\omega^2\cos\omega t$ は，ともに摩擦のない水平な床に置いたつる巻ばねの先端に付けたおもりが単振動をする際のおもりの速度 $v(t)$ 〔m/s〕とその加速度 $a(t)$ 〔m/s²〕に対応している．

問 3 図解 1 に示すように，物体は $t=10$ s の間，$v=10$ m/s の等速直線運動をする

● 図解 1 ●

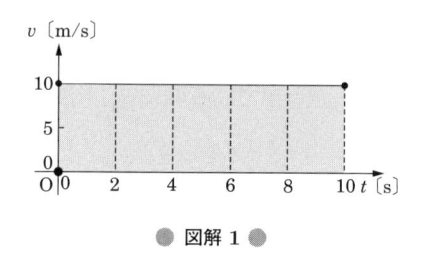

ので，この間に走る距離 x [m] は
$$x = vt = 10\,\frac{\text{m}}{\text{s}} \times 10\,\text{s} = 10 \times 10\,\frac{\text{m}}{\text{s}} \times \text{s} = 100\,\frac{\text{m}}{\text{s}} \times \text{s} = 100\,\text{m}$$
$x = 100$ m は図解 1 の灰色（アミがけ）の長方形の面積に等しい．

問 4 図解 2 に示すように，物体の速度が $10\,\text{s}$ で $20\,\text{m/s}$ 増加したので，物体の平均加速度 a [m/s^2] は
$$a = \frac{20\,\text{m/s}}{10\,\text{s}} = 2\,\frac{\text{m}}{\text{s}}\frac{1}{\text{s}} = 2\,\text{m/s}^2$$
である．等加速度運動では $v = at$, $x = \frac{1}{2}at^2$ であるので，$t = 10\,\text{s}$ における物体の速度 v と位置 x は $v = at = 2 \times 10 = 20\,\text{m/s}$, $x = (1/2) \times 2 \times 10^2 = 100\,\text{m}$ となる．$x = 100$ m は，図解 2 の灰色（アミがけ）の三角形の面積に等しい．

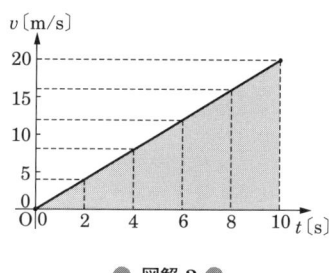

● 図解 2 ●

問 5 自動車は $\Delta t = 5\,\text{s}$ 間で，$v = 20\,\text{m/s}$ から $v = 0\,\text{m/s}$ まで減速したので，速度の変化分 Δv [m/s] は $\Delta v = 0 - 20 = -20\,\text{m/s}$ である．したがって，自動車の加速度 a [m/s^2] は $a = \Delta v / \Delta t = -20/5 = -4\,\text{m/s}^2$ である．

加速度 a [m/s^2] の等加速度直線運動における物体の移動距離 $x(t)$ [m] と時間 t [s] の関係は，$x(t) = v_0 t + (1/2)at^2$ である．この問いでは，$v_0 = 20\,\text{m/s}$, $a = -4\,\text{m/s}^2$, $t = 5\,\text{s}$ である．したがって，$x(5) = 20 \times 5 - 4(1/2) \times 5^2 = 100 - 50 = 50\,\text{m}$ となる．自動車は静止するまでに 50 m 走ることがわかる．

5章

問1 (1a) $t=4.52$ s　　(1b) $v=44.3$ m/s

(2a) $t=13.6$ s　　(2b) $v=133$ m/s

(3) 物体の位置の測定を t_1, t_2 に行うとすると，その時刻の物体の位置を y_1, y_2 として

$$\frac{t_2}{t_1}=\sqrt{\frac{y_2}{y_1}}$$

(4) その時刻の物体の速度を v_1, v_2 として

$$\frac{v_2}{v_1}=\sqrt{\frac{y_2}{y_1}}$$

問2 (1) $y=0$ と置き，$v_0=29.4$ m/s

(2) $v=0$ となる時間 $t=v_0/g$ から，$y=v_0^2/2g$

問3 (1) 式 (5・34) から，角度 35°，角度 55° に打ち上げた場合も，ともに飛んだ距離は 117 m

(2) $R=125$ m

問4 $\theta=(\pi/4)+\alpha$ の場合，$R=(v_0^2\cos\alpha)/g$．また $\theta=(\pi/4)-\alpha$ の場合も，$R=(v_0^2\cos\alpha)/g$ となり，飛ぶ距離は等しくなる．

6章

問1 式 (6・1) より，$k=4.8\times10^2$ N/m

問2 (1) $v-v_0=at$ より，$a=-5$ m/s^2．これより，$F=-5\times10^3$ N

(2) $d=v_0t+(1/2)at^2$ より，$d=40$ m

問3 (1) $\boldsymbol{F}=\boldsymbol{i}-3\boldsymbol{j}$ 〔N〕

(2) $F=3.16$ N

(3) $a=0.63$ m/s^2

(4) $\theta=288.4°$

7章

問1 加速度の大きさは $a=5$ m/s^2．したがって，$F=10$ N

問2 床を傾けて滑り始める直前の角度を θ とする．物体を斜面に沿って滑り落とす力 F は，$F=mg\sin\theta$．摩擦力 F_s は $F_s=\mu_s mg\cos\theta$．物体が滑り始める限界の角度は $F=F_s$ できまる．したがって，$\mu_s=\tan\theta$

問3 (1) $a=(\sin\theta-\mu_k\cos\theta)g$

(2) $t=\sqrt{\dfrac{2d}{(\sin\theta-\mu_k\cos\theta)g}}$

(3) $v=\sqrt{2d(\sin\theta-\mu_k\cos\theta)g}$

問4 (1) $a=\dfrac{m_2}{m_1+m_2}g=1.63 \text{ m/s}^2$

(2) $T=m_1a=1.63$ N

(3) $a=g$ となればよいから，ひもに引かれる向きに $F=m_1g=98$ N

(4) $a_k=\dfrac{(m_2g-m_1\mu_k g)}{(m_1+m_2)}=1.23 \text{ m/s}^2$

問5 $v=9.90$ m/s

問6 (1) $F=8.13\times 10^3$ N

(2) $v=7.54\times 10^3$ m/s

(3) $T_p=5.83\times 10^3$ s

(4) $a_r=8.12 \text{ m/s}^2$

問7 (1) 接線方向へのおもりの速度 v_t が，$v_t=l(d\theta/dt)$ と表されることから
$$T=mg\cos\theta+l\left(\dfrac{d\theta}{dt}\right)^2$$

(2) $a_t=l\dfrac{d^2\theta}{dt^2}$

(3) $\dfrac{ld^2\theta}{dt^2}=g\theta$

(4) ばねの単振動と同じ形の運動方程式となり，$\theta=\theta_0\cos\omega t$ が得られる．ただし，$\omega^2=g/l$. これより，周期 T_p は
$$T_p=2\pi\sqrt{\dfrac{l}{g}}$$

問8 (1) ニュートンの運動の第二法則から，$F=qE=ma$. したがって，$a=qE/m$ に代入して
$$a=\dfrac{1.6\times 10^{-19}\times 2.5\times 10^{-8}}{1.67\times 10^{-27}}=2.4 \text{ m/s}^2$$

(2) $v=at$ より，$v=2.4$ m/s

(3) $x=(1/2)at^2$ より，$x=0.5\times 2.4\times 4=4.8$ m

8章

問1 $v=50$ m/s （$=180$ km/h）

問2 (1) $p_x=25$ kg·m/s, $p_y=-10$ kg·m/s

(2) $p=26.9$ kg·m/s

問3 (1) $p_2-p_1=\Delta p=18$ kg·m/s

(2) $\bar{F}t=\Delta p$ より，$\bar{F}=3.6\times 10^3$ N

問4 質点 A の進む向きを正にとって求める．

(1) $v=9.5$ m/s

(2) $v_A=11$ m/s, $v_B=-1$ m/s

(3) $v_A=1$ m/s, $v_B=29$ m/s

■ 9 章 ■

問1 加速度が 0 だから，$F-mg\sin(\pi/3)=0$ である（**図解 3** 参照）．

$F=mg\times\sqrt{3}/2=340$ N．

仕事は $W=Fs=2.0\times10^3$ J

問2 運動エネルギーは運動の向きに関係ない．

$$K=\frac{1}{2}mv^2=\frac{1}{2}\times 0.150 \text{ kg}\times(30 \text{ m/s})^2$$
$$=67.5 \text{ J}$$

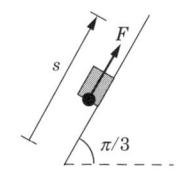

● 図解 3 ●

問3 動摩擦力の大きさを f とする．動摩擦力がする仕事は負だから，仕事とエネルギーの関係は，$0-(1/2)mv^2=-fs$ となる．したがって，$f=mv^2/(2s)=4\,500$ N（$v=15$ m/s に注意）．$f=\mu'mg$ だから，動摩擦係数は $\mu_k=0.46$ である．速さ v を 2 倍にすると，停止までの走行距離は 4 倍になる．

問4 加速度が 0 だから，$F-mg=0$ である．したがって，仕事は $W=Fs=mgs=5.9\times10^5$ J．仕事率は $P=Fv=mgv=3.9\times10^4$ W

■ 10 章 ■

問1 $kx-mg=0$ より，ばねの伸びは $x=mg/k=0.30$ m．基準の高さより物体は下がるので，重力のポテンシャルエネルギーは $U_g=-mgx=-4.4$ J．弾性力のポテンシャルエネルギーは $U_e=(1/2)kx^2=2.2$ J

問2 $E=K+U=\frac{1}{2}mv^2+mgh=4.5\times10^{10}$ J

問3 地上を高さの基準（$h=0$）とする．投げ上げた瞬間，ボールは運動エネルギー $K_1=(1/2)mv_1^2$ のみをもち，ポテンシャルエネルギーは $U_1=0$ である．一方，最高点に到達したとき，ボールの速さは 0 になるから，運動エネルギーは $K_2=0$ で，ポテンシャルエネルギー $U_2=mg\,h_2$ のみをもつ．したがって，力学的エネルギー保存則 (10・7) より $(1/2)mv_1^2=mgh_2$．最高点の高さは $h_2=10$ m である（**図解 4** 参照）．

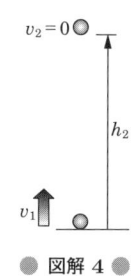

● 図解 4 ●

問4 初め物体は弾性力のポテンシャルエネルギーのみをもつから，力学的エネルギーは $E=(1/2)kx^2$．その後の運動では，力学的エネルギーは保存する．ばねから離

155

れて水平面を運動しているときは，運動エネルギーのみをもつから

$$E=\frac{1}{2}mv^2 \quad \therefore \quad v=\sqrt{\frac{k}{m}}x$$

次に，最高位置では $K=0$ だから，重力のポテンシャルエネルギーのみをもつので

$$E=mgh \quad \therefore \quad h=\frac{kx^2}{2mg}$$

■ 11 章 ■

問1 質点には重力 mg，ひも A からの張力 $\boldsymbol{T}_A$，ひも B からの張力 $\boldsymbol{T}_B$ が作用する．$\boldsymbol{T}_A$ を鉛直方向と水平方向に分解して，力のつり合い式を立てると

鉛直方向：$T_A\sin(\pi/3)-mg=0$ ……①

水平方向：$T_B-T_A\cos(\pi/3)=0$ ……②

となる．式①，②を解くと，$T_A=57$ N，$T_B=28$ N が得られる．

問2 図解 5 のように，棒の左端を原点とし，棒に沿って右向きに x 軸をとる．長さ L の一様な棒の重心は $x_1=L/2$ である．位置 x_1 に棒全体の重力 Mg が作用していると考えてよい．したがって，$x_2=L/4$ に質点を付けたときの重心の位置は，二つの質点を並べたときと同様に計算できて

$$x_G=\frac{M\cdot(L/2)+m\cdot(L/4)}{M+m}=\frac{2M+m}{4(M+m)}L$$

となる．

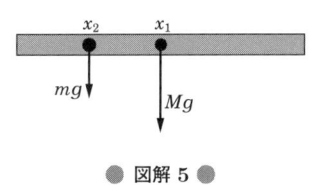

● 図解 5 ●

問3 まず，棒に作用する四つの力を作用点と向きを間違えないように作図する．点 B に作用する糸に沿った向きの張力 $\boldsymbol{T}$ を鉛直方向と水平方向に分解して，力のつり合い式を立てると

鉛直方向：$T\sin(\pi/6)+f-mg=0$ ……①

水平方向：$N-T\cos(\pi/6)=0$ ……②

となる．f，N はそれぞれ，壁から作用する摩擦力と垂直抗力である．棒の長さを L と置き，点 A の周りでのトルクのつり合い式を立てると

$$TL\sin\left(\frac{\pi}{6}\right)-mg\cdot\left(\frac{L}{2}\right)=0 \quad\cdots\cdots\text{③}$$

となる．式①～③を解くと，$N=25$ N，$f=15$ N，$T=29$ N が得られる．

12章

問1 1回転は $\Delta\theta=2\pi$ [rad]だから，角速度は $\omega=\Delta\theta/\Delta t=2\pi$ [rad]$/(24\times60\times60$ s$)=7.27\times10^{-5}$ rad/s．赤道上に置かれた物体は，半径 6 400 km の円運動をするから，速さは $v=r\omega=465$ m/s（[rad] $=1$ であることに注意）．

問2 角速度は，$\omega=v/r=27.8$ m/s$/2.0$ m$=14$ rad/s
角運動量は，$l=rp=rmv=2.0$ m$\times7.26$ kg$\times27.8$ m/s$=4.0\times10^2$ kg·m²/s
慣性モーメントは，$I=l/\omega=mr^2=29$ kg·m²

問3 糸の張力は中心力だから，角運動量の保存則が成り立つ（**図解6** 参照）．
したがって，$mR^2\omega=m(R/3)^2\omega'$ より，$\omega'=9\omega$．角速度は 9 倍になる．

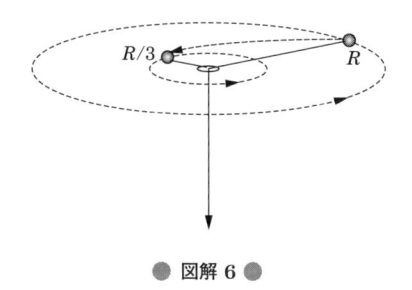

● 図解 6 ●

半径の減少により角速度が増大したということは，運動エネルギーも増加したということである．エネルギーと仕事の関係から，運動エネルギーの増加分は糸を引き寄せる間に張力がした仕事 W に等しい．したがって

$$W=\frac{1}{2}I'\omega'^2-\frac{1}{2}I\omega^2=\frac{1}{2}m\left(\frac{R}{3}\right)^2(9\omega)^2-\frac{1}{2}mR^2\omega^2=4mR^2\omega^2$$

である．

索　引

▶▶ **英数字** ◀◀

$\bar{a}$　　48
A　　10
$\hat{A}$　　24
A ハット　　24
a–t 図　　50

cd　　10
CGS 単位系　　9
cm　　9
cos　　19

g　　9

J　　106

K　　10
kg　　9, 10
kg·m^2　　142
kg·m^2/s　　144

m　　9
MKS 単位系　　9
mol　　10

N·m　　106

r　　28
rad/s　　139
rad/s^2　　140

s　　9, 10
sin　　19
SI 単位系　　10

tan　　19

$\bar{v}$　　46
v–t 図　　37, 40, 43, 48, 52

W　　114

x–t 図　　39, 41, 46

1 度　　18

▶▶ **ア　行** ◀◀

アトウッドの滑車　　84

位置エネルギー　　116
一次元の運動　　35
位置ベクトル　　28

運動エネルギー　　106, 111
運動エネルギー保存　　102
運動の第一法則　　6, 67, 70
運動の第二法則　　6, 67, 70
運動の第三法則　　6, 67, 70, 79
運動の法則　　70
運動（または，動）摩擦係数　　88
運動摩擦力　　87
運動量　　95
運動量保存　　102
運動量保存則　　95, 99

エネルギー　　106
エネルギー保存則　　123
円運動　　138
円周率　　18

大きさ　　24

158

索　引

▶▶ カ 行 ◀◀

外　積　　130
回転運動　　138
回転運動の方程式　　142
回転角　　138
角運動量　　143
角運動量保存則　　145
角加速度　　140
角振動数　　86
角速度　　139
数の表し方　　9
傾　き　　46
慣　性　　71
慣性の法則　　6, 67, 70, 90
慣性モーメント　　142
完全非弾性衝突　　95, 100

基準点　　117, 119
基本単位　　9

組立単位　　11

撃　力　　97
ケプラーの第二法則　　146

交換則　　108
向心加速度　　88, 89
向心力　　89, 90, 141
剛　体　　138, 146
合　力　　69
国際単位　　10
弧度法　　18

▶▶ サ 行 ◀◀

作用線　　79
作用点　　129
作用・反作用の法則　　6, 67, 70, 79
作用力　　79

三角関数　　21
三角形法　　25
三角比　　19

時間の次元　　16
次　元　　9, 16
次元解析　　18
仕　事　　106
仕事—エネルギー定理　　112
仕事率　　113
質　点　　56, 72
質点系　　95, 138
質点の回転運動　　138
質　量　　67, 71
質量の次元　　16
重　心　　132
自由落下運動　　56, 64, 66
重　量　　67, 71, 74
重　力　　68, 73, 79
重力加速度　　56, 65, 73, 82
重力による位置エネルギー　　117
重力の作用点　　134
ジュール　　106, 111
初期条件　　63
初速度　　57, 65
振　幅　　86

垂直抗力　　80, 83, 87, 107
数の表し方　　9
スカラー　　23
スカラー積　　108

正　弦　　19
静止（または，静）摩擦係数　　88
静止摩擦力　　86, 87
正　接　　19
積　分　　110
接線の傾き　　47

159

索引

▶▶ タ 行 ◀◀

体重　74
楕円運動　145
多角形法　69
単位　9
単位ベクトル　24
単振動　86
弾性エネルギー　121
弾性衝突　95, 100, 101, 103
弾性ポテンシャルエネルギー　121
弾性力　109
弾性力による位置エネルギー　120
弾性力のポテンシャルエネルギー　120

力　67
力のつり合い　127
力のモーメント　127, 129
力の和　69
中心力　145
張力　124, 127
直角　18
直角座標系　30
直交座標系　30, 31

強い力　68
つり合い　127

てこの原理　130
電磁気力　68

等加速度運動　41, 56, 82
等速運動　63, 66
等速円運動　82, 88
等速直線運動　37
動摩擦係数　88
動摩擦力　87
時計回り　129
トルク　127, 129

トルクのつり合い　127, 134
トン　16

▶▶ ナ 行 ◀◀

内積　108
長さの次元　16

ニュートン　73
ニュートン（N）　67
ニュートンの運動の第二法則　88
ニュートンの運動の第三法則　98
ニュートンの運動方程式　72, 76, 85, 96

▶▶ ハ 行 ◀◀

ばね定数　68, 85
ばねの単振動　85
速さ　15
速さの次元　17
反作用力　79
反時計回り　129, 138
反発係数　103
万有引力　90
万有引力定数　90

非弾性衝突　100, 103
非保存力　119

復元力　68, 85
フックの法則　68
振り子　124
分配則　108

平均加速度　48
平均速度　37, 46
平行四辺形法　26, 69
平面極座標系　31
ベクトル　23, 24
ベクトル積　130

160

ベクトルの加法に関する結合則　27
ベクトルの加法に関する交換則　26
変　位　36
変位ベクトル　36

保存力　118
ポテンシャル　117
ポテンシャルエネルギー　117

▶▶ マ　行 ◀◀

摩擦係数　86
摩擦力　82, 86

右ねじ　131
密　度　15
密度の次元　17

向　き　24

面積速度　145

▶▶ ヤ　行 ◀◀

余　弦　19
四つの力　68
弱い力　68

▶▶ ラ　行 ◀◀

ラジアン　18

力学的エネルギー　122
力学的エネルギー保存則　122
力　積　96

▶▶ ワ　行 ◀◀

惑星の運動　145
ワット　114

〈編者・著者略歴〉

堀川直顕（ほりかわ　なおあき）
1967年　名古屋大学大学院理学研究科博士課程満了
1970年　理学博士
現　在　中部大学客員教授
　　　　名古屋大学名誉教授

袴田和幸（はかまだ　かずゆき）
1981年　アラスカ大学大学院博士課程退学
1982年　理学博士（名古屋大学）
現　在　中部大学名誉教授

原科　浩（はらしな　ひろし）
1986年　名古屋大学理学部卒業
1997年　博士（理学）
現　在　愛知電子（株）（現 シンクレイヤ），名古屋大学を経て
　　　　大同大学教養部物理学教室教授

- 本書の内容に関する質問は，オーム社ホームページの「サポート」から，「お問合せ」の「書籍に関するお問合せ」をご参照いただくか，または書状にてオーム社編集局宛にお願いします．お受けできる質問は本書で紹介した内容に限らせていただきます．なお，電話での質問にはお答えできませんので，あらかじめご了承ください．
- 万一，落丁・乱丁の場合は，送料当社負担でお取替えいたします．当社販売課宛にお送りください．
- 本書の一部の複写複製を希望される場合は，本書扉裏を参照してください．
[JCOPY]＜出版者著作権管理機構　委託出版物＞

新インターユニバーシティ
はじめての力学

2009 年 7 月 15 日　第 1 版第 1 刷発行
2024 年 8 月 10 日　第 1 版第 15 刷発行

編 著 者　堀川直顕
発 行 者　村上和夫
発 行 所　株式会社オーム社
　　　　　郵便番号　101-8460
　　　　　東京都千代田区神田錦町3-1
　　　　　電 話　03 (3233) 0641 (代表)
　　　　　URL　https://www.ohmsha.co.jp/

© 堀川直顕 2009

印刷　中央印刷　　製本　協栄製本
ISBN978-4-274-20736-5　Printed in Japan

代表的な 10 のベキ乗を表す接頭語

ベキ	接頭語		記号	ベキ	接頭語		記号
10^{-18}	atto	アト	a	10^1	deca	デカ	da
10^{-15}	femto	フェムト	f	10^2	hecto	ヘクト	h
10^{-12}	pico	ピコ	p	10^3	kilo	キロ	k
10^{-9}	nano	ナノ	n	10^6	mega	メガ	M
10^{-6}	micro	マイクロ	μ	10^9	giga	ギガ	G
10^{-3}	milli	ミリ	m	10^{12}	tera	テラ	T
10^{-2}	centi	センチ	c	10^{15}	peta	ペタ	P
10^{-1}	deci	デシ	d	10^{18}	exa	エクサ	E

ギリシャ文字とその読み方

大文字	小文字	読み方	大文字	小文字	読み方	大文字	小文字	読み方
A	α	アルファ	I	ι	イオタ	P	ρ	ロー
B	β	ベータ	K	κ	カッパ	Σ	σ	シグマ
Γ	γ	ガンマ	Λ	λ	ラムダ	T	τ	タウ
Δ	δ	デルタ	M	μ	ミュー	Υ	υ	ウプシロン
E	ε	イプシロン	N	ν	ニュー	Φ	φ	ファイ
Z	ζ	ツェータ	Ξ	ξ	グザイ	X	χ	カイ
H	η	イータ	O	o	オミクロン	Ψ	ψ	プサイ
Θ	θ	シータ	Π	π	パイ	Ω	ω	オメガ

物理定数表

名 称	記号	数 値	単 位
真空中の光速度	c	2.99792458×10^8	m/s
万有引力定数	G	$6.6725\cdots\cdots \times 10^{-11}$	N·m^2/kg^2
標準重力加速度	g_0	9.80665	m/s^2
電子の質量	m_e	$9.1093\cdots\cdots \times 10^{-31}$	kg
陽子の質量	m_p	$1.6726\cdots\cdots \times 10^{-27}$	kg
中性子の質量	m_n	$1.6749\cdots\cdots \times 10^{-27}$	kg
プランク定数	h	$6.6260\cdots\cdots \times 10^{-34}$	J·s
ボーア半径	a_0	$5.2917\cdots\cdots \times 10^{-11}$	m
電気素量	e	$1.6021\cdots\cdots \times 10^{-19}$	C
原子質量単位	u	$1.6605\cdots\cdots \times 10^{-27}$	kg